PLC 控制系统设计实践教程

王玲玲　张　磊　王嘉晖　编著

北京航空航天大学出版社

内 容 简 介

本书围绕新工科人才实践创新能力培养目标,依托"智能制造基础之工业自动化"教育部产学合作协同育人项目,融合企业需求和人才培养的校企合作经验,由高校任课教师、企业优秀工程师合力编著完成。全书以广泛使用的罗克韦尔自动化平台为对象主体,通过总分架构、软硬结合形式,深入浅出分析自动化控制系统的设计过程,充分体现理论与实践的深度融合。

全书内容共 8 章,围绕自动化控制系统体系架构,以 HOTS 系统实验平台为核心,详细分析了平台中 Micro850 控制器、PowerFlex525 变频器、2711R‑T7T 型触摸屏等硬件平台,以及相关编程技术和程序设计方法,并在 8 个具体实验项目牵引下,引导学生应用以上设备完成高精度运动控制系统的综合设计。每一章内容详细,联系实际,注重应用,通过理实互融方式加强学生对 PLC 控制器、变频器、触摸屏等相关技术的深入理解,提升学生解决实际工程问题的能力。

本书可作为高等院校相应课程的教材,也可作为高职高专相关专业的教材,以及工程技术人员的参考用书。

图书在版编目(CIP)数据

PLC 控制系统设计实践教程 / 王玲玲,张磊,王嘉晖编著. -- 北京 : 北京航空航天大学出版社,2024.6.

ISBN 978 - 7 - 5124 - 4431 - 7

Ⅰ. TM571. 61

中国国家版本馆 CIP 数据核字第 20241QC308 号

PLC 控制系统设计实践教程

王玲玲 张 磊 王嘉晖 编著

策划编辑 董宜斌 责任编辑 董宜斌

*

北京航空航天大学出版社出版发行

北京市海淀区学院路 37 号(邮编 100191) http://www.buaapress.com.cn

发行部电话:(010)82317024 传真:(010)82328026

读者信箱:emsbook@buaacm.com.cn 邮购电话:(010)82316936

北京富资园科技发展有限公司印装 各地书店经销

*

开本:710×1 000 1/16 印张:14 字数:298 千字

2024 年 6 月第 1 版 2024 年 6 月第 1 次印刷

ISBN 978 - 7 - 5124 - 4431 - 7 定价:69.00 元

前　言

　　本书面向新工科人才实践创新能力的培养需求。在教育部产学合作协同育人项目"智能制造基础之工业自动化"资助下，本书以国家级机械与控制工程虚拟仿真实验中心、北航-罗克韦尔自动化联合实验室为平台，充分利用罗克韦尔自动化中国大学建设项目所捐赠的自动化控制设备，结合 PLC 控制系统设计要点及课程知识点，由企业工程技术人员与高校教师通力合作编写而成。作者通过总分架构、软硬结合、理实互融等形式，深入浅出地设计了具有广泛代表性和创新性的系列实验实践项目，并给出详细的实施案例，以便培养学生的专业能力、动手能力和创新能力。

　　本书由北京航空航天大学大学王玲玲老师担任主编，北京航空航天大学张磊老师、罗克韦尔自动化中国大学项目部王嘉晖工程师担任副主编。全书共分为 8 章，其中，第 1 章从自动化技术发展及系统架构等角度出发，概述了自动化控制系统基础；第 2 章详细阐述了 HOTS 系统实验平台，以及平台中 Micro850 控制器、I/O 模块、PowerFlex525 变频器、2711R‐T7T 型触摸屏等硬件装置；第 3 章主要介绍了 CCW 软件的安装使用以及程序加载、调试方法；第 4 章围绕 PLC 控制器编程过程，介绍了面向 Micro850 控制器的指令集；第 5 章结合案例分析了变频器的程序设计及控制方法；第 6 章重点介绍了触摸屏的程序设计控制以及可视化界面设计方法；第 7 章以丝杠运动控制系统作为综合应用实践对象，整体介绍了基于 PLC 的控制系统设计过程；第 8 章以模块化方式给出了教学过程中的 8 个具体实验教学案例。全书章节内容环环相扣、理实互融，便于加强学生对 PLC 控制器、变频器、触摸屏等相关知识点的深入理解，提升学生解决实际工程问题的能力。

　　本书可作为高等院校相应课程的教材，也可作为高职高专相关专业的教材，以及工程技术人员的参考用书。本书得到了罗克韦尔自动化中国大学项目部吕颖珊女士、大连锂工科技有限公司多位工程师的支持，这充分体现了高等教育下的校企深度融合。他们提出了大量宝贵意见并给予了多方面的帮助，进一步完善了本书的内容，在此表示最诚挚的谢意。

　　因作者水平有限，书中难免存在错误及疏忽之处，敬请读者批评指正。

作者

2024 年 6 月

目　录

第 1 章　自动化控制系统基础 ·················· 1

1.1　自动化技术发展及系统架构 ·················· 1

1.2　自动化控制系统架构概述 ·················· 3

1.2.1　自动化控制系统的基本原理 ·················· 3

1.2.2　自动化控制系统的基本构成 ·················· 4

1.2.3　自动化控制系统的基本类型 ·················· 5

1.2.4　自动化控制系统的基本要求 ·················· 6

1.3　面向智能制造的自动化控制系统基础 ·················· 7

1.3.1　智能制造概述 ·················· 7

1.3.2　自动化控制系统的发展方向 ·················· 8

1.4　罗克韦尔 NetLinx 开放式自动控制网络体系 ·················· 9

第 2 章　HOTS 系统实验平台 ·················· 11

2.1　Micro850 PLC ·················· 11

2.1.1　Micro850 概述 ·················· 11

2.1.2　Micro850 控制器的功能及插件模块 ·················· 12

2.2　I/O 模块 ·················· 14

2.2.1　Micro850 2080-LC50-24QWB 的 I/O 分布 ·················· 14

2.2.2　Micro850 2080-LC50-24QWB 的 I/O 配置 ·················· 14

2.3　触摸屏 ·················· 17

2.3.1　PanelView 800 系列触摸屏概述 ·················· 17

2.3.2　PanelView 800 Terminals-2711R-T7T 触摸屏 ·················· 18

2.4　变频器 ·················· 19

2.4.1　PowerFlex 525 交流变频器概述 ·················· 19

2.4.2 PowerFlex 525 交流变频器硬件 ······················· 20

    2.4.3 PowerFlex 525 集成式键盘操作 ····················· 23

  2.5 三相异步电动机的变频调速 ······························· 26

    2.5.1 三相异步电动机的机械特性 ························· 26

    2.5.2 三相异步电动机的变频调速原理 ····················· 28

    2.5.3 三相异步电动机的制动原理 ························· 28

第 3 章 使用编程软件 ··· 31

  3.1 安装软件 ··· 31

    3.1.1 CCW 软件安装 ································· 31

    3.1.2 新项目创建 ····································· 35

  3.2 I/O 模块的添加和组态 ··································· 38

    3.2.1 Micro850 控制器本地嵌入式 I/O 组态 ············· 38

    3.2.2 Micro850 控制器插件 I/O 模块添加和组态 ·········· 41

    3.2.3 Micro850 控制器扩展 I/O 模块添加和组态 ·········· 43

  3.3 程序下载与调试 ······································· 46

    3.3.1 Micro850 控制器网络设置 ······················· 46

    3.3.2 程序上传 ······································· 49

    3.3.3 程序下载 ······································· 51

    3.3.4 程序调试 ······································· 52

  3.4 程序导入与导出 ······································· 53

    3.4.1 CCW 程序导出 ································· 53

    3.4.2 CCW 程序导入 ································· 55

第 4 章 Micro850 控制器的编程指令 ························· 56

  4.1 Micro850 控制器编程语言 ······························· 56

    4.1.1 梯形图 ··· 56

    4.1.2 功能块 ··· 58

    4.1.3 结构化文本 ····································· 59

  4.2 Micro850 控制器内存组织 ······························· 62

    4.2.1 数据文件 ······································· 62

    4.2.2 程序文件 ······································· 63

  4.3 Micro850 控制器的指令集 ······························· 64

    4.3.1 梯形图中的基本元素 ····························· 64

    4.3.2 布尔操作功能块 ································· 70

    4.3.3 计时器功能块 ··································· 71

4.3.4　计数器功能块 ··· 76

4.3.5　报警功能块 ·· 78

4.3.6　数据操作功能块 ··· 81

4.3.7　输入/输出类功能块 ·· 82

4.3.8　过程控制功能块 ··· 91

4.3.9　程序控制功能块 ··· 97

4.3.10　算术功能块 ··· 98

4.3.11　二进制操作功能块 ·· 103

4.3.12　布尔运算功能块 ·· 106

4.3.13　字符串操作功能块 ·· 109

4.3.14　时间功能块 ··· 112

4.3.15　数据转换功能块 ·· 114

4.3.16　比较功能块 ··· 117

4.3.17　通信功能块 ··· 118

4.4　自定义功能块 ··· 124

4.4.1　自定义功能块的创建 ··· 124

4.4.2　自定义功能块的使用 ··· 126

4.4.3　导出/导入用户自定义功能块 ·· 127

第5章　变频器程序设计 ·· 130

5.1　变频器软件配置 IP 方法 ··· 130

5.1.1　变频器固件刷新软件下载 ··· 130

5.1.2　变频器项目的创建 ··· 130

5.1.3　连接变频器前启动向导设置 ··· 132

5.1.4　变频器固件刷新 ··· 142

5.1.5　连接变频器后启动向导设置 ··· 143

5.2　变频器手动配置 IP 方法 ··· 145

5.2.1　变频器常用参数说明 ··· 145

5.2.2　手动输入变频器的 IP 地址 ·· 147

5.3　变频器自定义功能块 ··· 151

5.3.1　变频器自定义功能块简介 ··· 151

5.3.2　RA_PFx_ENET_STS_CMD 功能块参数说明 ·································· 151

5.3.3　RA_PFx_ENET_STS_CMD 功能块应用示例 ·································· 153

第6章　触摸屏程序设计 ·· 156

6.1　触摸屏项目创建 ··· 156

6.1.1 触摸屏网络地址设置 156

6.1.2 新建可视化项目 157

6.1.3 图形终端通信配置 158

6.1.4 创建标签 159

6.2 触摸屏界面设计 161

6.2.1 创建控制界面 161

6.2.2 触摸屏程序下载 165

第 7 章 自动控制系统设计——丝杠运动控制系统 168

7.1 丝杠运动控制系统相关知识 168

7.1.1 滚珠丝杠简介 168

7.1.2 丝杠运动控制系统实验对象的组成 168

7.1.3 旋转编码器 169

7.2 高速计数器 HSC 的应用 172

7.2.1 HSC 功能块 172

7.2.2 HSC 功能块参数详解 173

7.2.3 HSC 状态设置功能块 178

7.2.4 HSC 应用示例 179

7.3 丝杠运动控制系统应用设计示例 182

7.3.1 硬件设置 182

7.3.2 Micro850 控制程序设计 182

7.3.3 触摸屏界面设计 185

7.3.4 运行结果 186

第 8 章 HOTS 系统实验教学实例 189

8.1 实验一:二进制操作实验 189

8.2 实验二:计时器功能块实验 193

8.3 实验三:计数器、比较、算术类功能块实验 195

8.4 实验四:变频器-电机系统控制实验 198

8.5 实验五:变频器-电机系统分段调速实验 201

8.6 实验六:触摸屏程序设计实验 204

8.7 实验七:触摸屏和变频器-电机系统实验 207

8.8 实验八:触摸屏和丝杠运动控制系统实验 210

参考文献 214

第 **1** 章

自动化控制系统基础

  如何降低生产成本、提高效益利润、增强竞争力一直是众多企业在前行道路上自始至终面对的现实性问题。随着科学技术不断发展与进步,将生产过程自动化成为解决上述系列问题的重要手段和措施。自动化进程的核心在于对自动化控制系统进行设计与完善。所谓自动化控制系统(Automatic Control Systems)是指借助科技手段按照期望或预定程序自动完成系列生产或其他过程的控制系统,其显著特点在于系列执行过程,无须额外的人工参与。例如,工业生产领域中的自动化控制系统,在没有人工直接参与的情况下,通过预先设定系统自动化控制装置,使得生产过程、工艺参数、目标要求等指标可以按照预定方案实现自动调节与控制,从而达到生产指标的期望值。以冶炼电弧炉控制系统为例,该系统的执行过程主要包括温度控制和冶炼控制两部分,因此,需要分别完成温度自动化控制和冶炼流程自动化控制,才能提炼高标准产物。可见,自动化控制系统是实现自动化过程的主要手段,自动控制技术是设计与实现自动化控制系统的关键。

  随着计算机技术的快速发展和应用,自动控制技术已在众多领域与行业得到空前广泛应用并日臻完善。在农业方面,有用于农田灌溉的水位自动控制系统,用于农作物除草、收割的农业机械自动操作系统。在工业方面,为了精确控制冶金、化工、机械制造等生产过程中的温度、流量、压力、速度、位置、厚度、张力、频率、相位等物理量,设计了相应的自动化控制系统,并借助数字计算机技术建立了性能更好、自动化程度更高、集成度更优的数字自动化控制系统以及精密的过程控制系统。航海、航空、航天方面更是离不开各类导航、遥控、飞控等高、精、尖的控制系统。在军事技术方面,各类兵器及战术武器的伺服系统、火力控制系统、制导与控制系统等也可以被视为自动化程度较高的产物。在其他民用方面,例如办公室自动化、图书管理、交通管理乃至日常家务方面,自动控制技术无处不在。此外,医学、生态、经济、社会等众多领域也在不断推动自动化控制技术前行的进程。

1.1 自动化技术发展及系统架构

  随着人类各个领域不断发展,自动化技术也在最初雏形的基础上日臻完善。在物质生活相对匮乏的古代,在生产、生活需求以及战争的推动下,聪慧的古人克服重重困难,发明了许许多多可替代人力的自动装置,以便解放人类的双手,多快好省地生产出更多人们所需要的产品。

众所周知,由我国东汉时期的著名科学家张衡发明的地动仪是世界上第一架用于感知地震的仪器,虽然当前关于该地动仪的讨论存在争议,但从原理方面进行分析,该仪器确实是一种典型的自动化控制装置。据记载,地动仪的外形像一个柱形酒樽,"樽"的外侧设置了八个口含铜丸的龙头,每个龙头下面都有一只张口的蟾蜍,地动仪所有部件均用精铜制作而成,其内部结构的精巧之处体现在中间的都柱及其周围的八套牙机装置上。地动仪中的候风摆与八套牙机装置之一相互靠近。地动仪底座上的沟槽有八道。当地震发生时,都柱之内的候风摆会轻微摆动并触发牙机,使相应的龙口张开,其内部的小铜珠自动落入蟾蜍口中,由此可知地震发生的时间和方位,如图 1.1 所示。

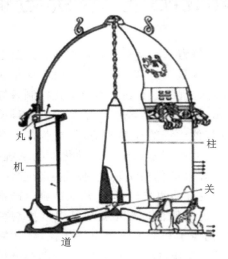

图 1.1 地动仪结构及原理图

地动仪的牙机由一对杠杆构成,分别为水平杠杆和直立杠杆。水平杠杆负责使龙口开合,直立杠杆负责触发牙机。"关"即是牙机直立杠杆的一部分,牙机直立杠杆和候风摆的位置关系由"关"连接。关几乎挨到候风摆之上,与之距离不到 1 mm,这是地动仪得以成功的关键。此外,地动仪内部还有一套名为"巧制"的机械反馈装置,该装置利用反馈控制的办法阻止候风部件连续摆动,这种具备自动化雏形的自动控制方法比西方出现的机械反馈设计要早很多年。

自动化技术是从 18 世纪末至 20 世纪 30 年代逐步发展起来的。1788 年,英国的机械师瓦特发明了离心式调速器,他将该调速器与蒸汽机的阀门连接起来,组成了控制蒸汽机转速的闭环自动控制系统,由此打开了近代调节装置应用的新大门。该调节装置对第一次工业革命及后来控制论的深入发展产生了重要影响。然而,当时人们所使用的调节器大多是跟踪给定值的装置,用于将一些物理量控制在给定值附近。随着科学技术的不断发展,人们认识到可以采用自动调节装置来解决工业生产中面临的自动控制问题,至此,自动调节器的应用成为自动化技术进入历史新时期的标志。1833 年,英国数学家巴贝奇基于分析机的原理,首次提出程序控制原理。1939 年,世界上出现首批系统与控制专业相结合的研究机构,对后续形成经典控制理论和发展局部自动化起到重要作用。20 世纪以后,反馈控制思想被逐步引入近代调节器中从而形成自动调节装置,并开始广泛应用于工业生产中。

局部自动化时期是指 20 世纪 40、50 年代的第二次世界大战时期。这一阶段形成的经典控制理论对战后发展局部自动化有很大的促进作用。基于这一阶段的经典控制理论,各种精巧的自动调节装置被研制出来,系统与控制这一科学领域由此产生。1945 年,美国数学家维纳将反馈的概念推广至一切控制系统。20 世纪 50 年代之前,经典控制理论方法基本可以满足第二次世界大战中军事技术和战后工业发展上的需要。但是到了 20 世纪 50 年代末,在将经典控制理论方法推广到多变量系统时出现了一定的局限性。而电子数字计算机的发明虽然打开了数字程序控制的新大门,但只是限于自动计算方面,随着 ENIAC(电子数字积分计算机)和 EDVAC(离散变量自动电子计算机)制造成功,电子数字程序控制迎来了新时代。电子数字计算机的发明为在控制系统中广泛应用程序控制和逻辑控制以直接控制生产过程提供了支撑。

综合自动化时期是从 20 世纪 50 年代末至今,随着空间技术迅速发展,人们迫切需要解决的是多变量系统的最优控制问题。现代控制理论的出现和发展为综合自动化提供了理论基础。随着微电子技术获得新突破,晶体管计算机、集成电路计算机、单片微处理机相继出现。微处理机的发明对控制技术产生了深远影响,控制工程师可以通过微处理机便捷地实现各种复杂控制,这也使得综合自动化成为现实。20 世纪 70 年代,现场总线技术诞生,20 世纪 90 年代,一种应用于各种现场自动化设备以及控制系统间的现场总线控制系统(Fieldbus Control System,FCS)网络通信技术迅速发展起来,成为一种现场仪表与控制室之间的标准、开放、双向的多站数字通信系统。

综合自动化系统在目前的应用中是较为先进的技术,该系统基于原有的工业自动化技术,并在新的管理模式和工艺指导下,利用信息技术、自动化技术并通过计算机网络以及相应的软件将工厂中各自独立的自动化技术和子系统有机结合起来,构成一个完整的自动化系统。综合自动化系统对生产过程中的物质流、关系过程信息流、决策过程决策流进行了有效的控制和协调,在新的竞争模式下按照市场对生产管理过程提出的高质量、高速度、高灵活性和低成本的要求,可构建智能工厂的基础。

1.2　自动化控制系统架构概述

1.2.1　自动化控制系统的基本原理

控制系统按照是否设有反馈环节,主要可以分为两类,即开环控制系统和闭环控制系统。

(1)开环控制系统

如果系统的输出端和输入端之间不存在反馈回路,输出量对系统的控制作用没有影响,如图 1.2 所示,这样的系统被称为开环控制系统。

图 1.2　开环控制系统示意图

开环控制系统结构简单,控制器的设计、安装和调试都相对容易。由于没有反馈回路,系统响应速度较快。然而,也是因为没有反馈回路,开环控制系统对于外界扰动和系统参数变化较为敏感,容易导致系统不稳定,且开环控制系统通常需要精确的系统模型,如果模型不准确,难以实现精确控制。

（2）闭环控制系统

系统的输出端与输入端之间存在反馈回路,即输出量对控制作用有所影响的系统,就叫作闭环控制系统,如图 1.3 所示。

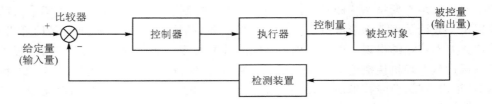

图 1.3　闭环控制系统示意图

闭环控制系统可以将系统的输出信号反馈到输入端进行调整,从而使系统精度更高,此外,通过反馈控制信号抑制系统中的干扰和噪声,可提高系统的稳定性和精度。但是,与开环控制系统相比较,闭环控制系统的复杂度较高,系统响应速度会慢一些,且闭环控制系统对系统响应速度和复杂度的影响可能导致系统可靠性下降。

1.2.2　自动化控制系统的基本构成

一个自动控制系统包含被控对象和控制装置两大部分,而控制装置是由具有一定职能的各种基本元件组成的。在不同系统中,结构完全不同的元部件却可以具有相同的职能,因此,将组成系统的元部件按职能分类,主要可以分为以下五种。

（1）被控对象:任何控制系统必定有其控制对象,即系统所要操纵的对象。控制对象的输出就是系统的被控量。

（2）检测元件:为了检测被控量,系统需要有检测元件。由于元件的精度会直接影响控制系统的精度,所以应尽可能采用精度高的检测元件和合理的检测线路。

（3）比较元件:为了将反馈信号和控制量进行比较以产生偏差信号,系统必须有比较元件,比较元件在大部分控制系统中常常是和检测元件结合在一起的。

（4）放大元件:由于偏差信号一般都比较微弱,需要将其变换放大,使其具有足够的幅值和功率,因此,系统还必须具有放大元件。

(5) 执行元件:系统需要根据偏差信号产生的再控制作用驱动控制对象,使被控量按控制要求的变化规律动作,这就要求系统还应具有执行元件。

实践证明,依照反馈原理由上述基本元件简单组合起来的控制系统往往是不能完成任务的。为了改善系统的控制作用性能,还需要在系统中加入校正元件。校正元件可以加在偏差信号至被控信号间的前向通道中(即串联校正),也可以加在反馈通道中(即反馈校正)。

1.2.3 自动化控制系统的基本类型

自动控制系统的种类很多,应用范围也很广,其结构和完成的任务也各不相同。因此,控制系统的分类方法也很多,其中包含以下几种分类法。

(1) 按照输入量的变化规律分类

自动控制系统按照输入量的变化规律可分为恒值控制系统、随动系统和程序控制系统。

恒值控制系统的控制量为恒定的常量,要求系统的被控制量也保持在相对应的常量上。恒值控制系统是最常见的一类自动控制系统,如自动调速系统、恒温控制系统、恒张力控制系统、恒压力控制系统等。

随动系统的控制量是变化的(常常还是随机的),要求被控量能够准确、迅速地复现控制量的变化。随动系统在工业和国防方面有着极为广泛的应用,如火炮控制系统、雷达自动跟踪系统、刀架跟踪系统、各种电信号笔记录仪等。随动系统的着重点常常在于跟随的准确性和跟随的快速性。

程序控制系统是输入量按预定程序变化的系统,例如数控机床工作台移动系统就是程序控制系统。程序控制系统可以是开环的,也可以是闭环的。

(2) 按照系统传递信号对时间的关系分类

自动控制系统按照系统传递信号对时间的关系可分为连续控制系统和离散控制系统。

当系统各元件的输入信号是时间连续函数,各元件相应的输出信号也是时间的连续函数时,这种系统被称为连续控制系统。连续控制系统的性能一般是用微分方程来描述的。信号的时间函数允许有间断点,或者在某一时间范围内为连续函数。

离散控制系统又称采样数据系统,其特点是系统中有的信号是断续量,即信号在特定的采样时刻才取值,而在相邻采样时刻的间隔中信号是不确定的。通常,采用数字计算机控制的系统都是离散控制系统。

(3) 按照系统输出量和输入量的关系分类

自动控制系统按照系统输出量和输入量的关系可分为线性控制系统和非线性控制系统。

线性控制系统是由线性元件（即元件的静特性呈线性关系）构成的系统,系统的性能可以用线性微分方程来描述。线性控制系统的一个重要性质就是可以应用叠加原理,即几个扰动或控制量同时做用于系统时,系统的总输出等于每个扰动或控制量单独作用时的输出之和。

非线性控制系统是由具有非线性性质（例如饱和、死区、摩擦、间隙等）元件所构成的系统。事实上,只要系统中有一个非线性性质的元件,该系统就是非线性系统。该类系统的性能往往要采用非线性方程来描述。

1.2.4　自动化控制系统的基本要求

各种自动控制系统为完成一定任务,要求被控量必须迅速而准确地随给定量的变化而变化,并且尽量不受任何扰动的影响。然而,在实际操作中,系统会受到外作用,其输出必将发生相应的变化。由于控制对象和控制装置以及各功能部件的特征参数匹配不同,系统在控制过程中的性能差异很大,甚至会因匹配不当而发生异常。因此,工程上对自动控制系统的性能提出了一些要求,主要有以下三个方面。

（1）稳定性

所谓系统稳定是指受扰动作用前系统处于平衡状态,受扰动作用后系统偏离了原来的平衡状态,如果扰动消失以后系统能够回到受扰以前的平衡状态,则称系统是稳定的;如果扰动消失后,系统不能够回到受扰以前的平衡状态,甚至随着时间的推移,与原来平衡状态的偏离越来越大,这样的系统就是不稳定的系统。稳定是系统正常工作的前提,不稳定的系统根本无法应用。

（2）准确性

准确性是对稳定系统稳态性能的要求。稳态性能用稳态误差来表示,所谓稳态误差是指系统达到稳态时被控量的实际值和希望值之间的误差,误差越小,表示系统控制精度越高、越准确。一个暂态性能好的系统既要过渡过程时间短（快速性,简称"快"）,又要过渡过程平稳、振荡幅度小（平稳性,简称"稳"）。

（3）快速性

快速性是对稳定系统暂态性能的要求。因为工程上的控制系统总是存在惯性,如电动机的电磁惯性、机械惯性等,致使系统在扰动量、给定量发生变化时,被控量可能突变,需要有一个过渡过程,即暂态过程。这个暂态过程的过渡时间可能很短,也可能经过一个漫长的过渡过程达到稳态值,或经过一个振荡过程达到稳态值,这反映了系统的暂态性能。

暂态性能在工程上是非常重要的。一般来说,为了提高生产效率,系统应有足够的快速性。但是如果过渡时间太短,系统的机械冲击会很大,容易影响机械寿命,甚至损坏设备;反之,过渡时间太长,会影响生产效率等。所以,稳定系统对暂态性能应有一定的要求,通常是用超调量、调整时间、振荡次数等指标来表示。

综上所述,对控制系统的基本要求是:响应动作要快、动态过程平稳、跟踪值要准确。即在稳定的前提下,系统要稳、快、准。这个基本要求通常被称为系统的动态品质。同一个系统的稳、快、准是相互制约的,提高系统快速性可能会引起系统强烈振荡,改善稳定性控制过程又可能使得系统迟缓,甚至使精度变差。

1.3 面向智能制造的自动化控制系统基础

1.3.1 智能制造概述

智能制造(Intelligent Manufacturing,IM)是一种由智能机器和人类专家共同组成的人机一体化智能系统,在制造的过程中能进行智能活动,诸如分析、推理、判断、构思和决策等,通过人与智能机器的合作共事,可以扩大、延伸和部分地取代人类专家在制造过程中的脑力劳动。智能制造将制造自动化的概念更新、扩展至柔性化、智能化和高度集成化。

毫无疑问,智能化是制造自动化的发展方向。人工智能技术尤其适合于解决特别复杂和不确定的问题,因此,制造过程中的各个环节几乎都广泛应用人工智能技术。例如,专家系统技术可以用于工程设计、工艺过程设计、生产调度、故障诊断等;神经网络和模糊控制技术等先进的计算机智能方法也可以应用于产品配方、生产调度等,实现制造过程智能化。

智能制造系统(Intelligent Manufacturing System,IMS)是智能技术集成应用的环境,也是智能制造模式展现的载体。智能制造系统是由智能机器和人类专家共同组成的人机一体化系统,在制造诸环节中以一种高度柔性与集成的方式,借助计算机模拟人类专家的智能活动,进行分析、判断、推理、构思和决策,取代或延伸制造环境中人的部分脑力劳动,同时,收集、存储、完善、共享、继承和发展人类专家的制造智能。由于这种制造模式突出了知识在制造活动中的价值地位,而知识经济又是继工业经济后的主体经济形式,所以智能制造系统就成了影响未来经济发展过程的制造业重要生产模式。

一般而言,制造系统在概念上被认为是由相互关联的子系统集成的一个复杂整体,从制造系统的功能角度出发,可将智能制造系统细分为设计、计划、生产和系统活动四个子系统。在设计子系统中,智能制造突出了产品在概念设计过程中受消费需求的影响;功能设计关注了产品的可制造性、可装配性和可维护及保障性。在计划子系统中,数据库构造将从简单信息型发展成为知识密集型;在排序和制造资源计划管理中,模糊推理等多类专家系统将被集成应用。智能制造的生产系统将是自治或半自治系统,在生产过程监测、生产状态获取和故障诊断、检验装配中,将广泛应用智能技术。从系统活动角度看,系统控制中已开始应用神经网络技术,同时应用分布技术和多元代理技术、全能技术,并采用开放式系统结构,使系统活动并行,解决系统集成。

可见,IMS 理念建立在自组织、分布自治和社会生态学机理上,目的是通过设备柔性和计算机人工智能控制,自动地完成设计、加工、控制管理过程,旨在保证适应高度变化环境方面具备有自律能力、人机一体化、虚拟现实技术、自组织与超柔性、学习能力与自我维护能力的典型特征。

1.3.2 自动化控制系统的发展方向

在现代化工厂向规模集约化方向发展的同时,生产工艺对控制系统的可靠性、运算能力、扩展能力、开放性、操作及监控水平等方面提出了越来越高的要求。传统的分散控制系统(Distributed Control System, DCS)已经不能满足现代工业自动化控制的设计标准和要求。随着工业自动化控制理论、计算机技术和现代通信技术的迅速发展,自动控制系统未来的发展将向智能化、网络化、全集成自动化等方向发展,具体表现如下所述。

(1)智能化

在自动化的初期阶段,系统比较简单,控制规律也不复杂,采用一些常规控制方法就能完成任务。然而,随着社会和科学技术不断进步,各种生产过程的自动化、现代军事装备的控制以及航海、航空、航天事业迅速发展,这些都对控制系统的快速性和准确性提出越来越高的要求。对于各种规模庞大、结构复杂的大系统,仅仅采用常规的控制措施是无法完成综合自动化的。但是,如果把人的智能和自动化技术结合起来,则能获得令人满意的效果。

关于智能控制,有些观点认为其是自动控制、运筹学和人工智能三个主要学科相互结合和渗透的产物。这种观点包含了两层含义,一方面,它指出了智能控制产生的背景和条件,即人工智能理论和技术的发展及其向控制领域的渗透,以及运筹学中的定量优化方法逐渐与系统控制理论相结合,这样就在理论和实践两方面开辟了新的发展途径,提供了新的思想和方法,为智能控制的发展奠定了坚实的基础。另一层含义是该观点说明了智能控制的内涵,即智能控制就是应用人工智能理论和技术以及运筹学方法,与控制理论相结合,在变化环境下仿效人类智能,实现对系统的有效控制。此处所说的环境是指广义的受控对象或生产过程及其外界条件。智能控制是当前正在迅速发展的领域,各种形式的智能控制系统、智能控制器相继开发问世。

(2)网络化

随着互联网技术以及现代通信技术的发展,未来的企业为了适应经济全球化的发展需要,多将通过以太网接口建立基于 WINDOWS NT 或 WINDOWS 2000 构成的企业级局域网,控制系统与管理层和现场仪表间的数据交换日益增加,控制系统的计算机与财务、销售和管理层的计算机得以联网,实现数据的共享,极大地提高企业的管理水平。企业管理级各网络间可以采用标准以太网相互连接。管理级的各通信网络可以采用多种网络拓扑结构(总线型、星型、环型),其中星型拓扑结构以可靠性高、结构简单、建网容易、节点故障容易排除等优点被大量采用。车间级计算机网络采用工业以太网相互连接。工业以太网在物理层上采用高防护等级的通信线缆或光纤传输,适用于可能遭受严重电磁干扰、液体浸蚀、高度污染和机械冲击的工业环境。现场级总线采用国际标准总线,一般会采用 PROFIBUS 总线。

（3）全集成自动化

伴随自动化技术的不断发展和计算机技术的飞速进步,自动化控制的概念也发生了巨大的变化。在传统的自动化解决方案中,自动化控制实际上是由各种独立、分离的技术和不同厂家的产品搭配起来的。比如一个大型工厂经常是由过程控制系统、可编程控制器、监控计算机、各种现场控制仪表和人机界面产品共同控制的。为了把这些产品组合在一起,需要采用各种类型和不同厂商的接口软件和硬件进行连接、配置和调试。全集成自动化思想就是用一种系统或者一个自动化平台完成原本由多种系统搭配起来才能完成的所有功能。应用这种解决方案,可以大大简化系统的结构,减少大量接口部件。应用全集成自动化可以克服上位机和工业控制器之间、连续控制和逻辑控制之间、集中与分散之间的界限。同时,全集成自动化解决方案还可以为所有的自动化提供统一的数据和技术环境,这主要包括统一的数据管理、统一的通信和统一的组态编程软件等。基于这种环境,各种不同的技术可以在一个用户接口下,集成在一个有全局数据库的总体系统中。工程技术人员可以在一个平台下对所有应用进行组态和编程。由于应用一个组态平台,工程变得简单,培训费用也大大降低。

1.4　罗克韦尔 NetLinx 开放式自动控制网络体系

为了满足日益复杂的工业控制系统和企业信息系统的发展,罗克韦尔自动化公司提出了先进的工业控制网络技术,即 NetLinx 开放式自动控制网络体系。它将网络服务、通信协议和开放式软件接口有机结合,可以保证信息和控制数据高效率和无缝流动。NetLinx 体系由 DeviceNet、ControlNet 和 EtherNet/IP 三个开放式网络构成,并通过这种由底层到顶层全部开放的网络实现控制、配置和采集数据三种功能（如图 1.4 所示）。

（1）控制功能。NetLinx 可以通过网络实现 PLC 等控制设备与变频器、传感器、执行器等设备之间的实时数据交换。同时,传输数据的网络也要提供优先级设定和中断等功能。

（2）网络组态功能。网络必须给用户提供组态功能以使其可以建立和维护自动化系统。组态功能通常可以通过个人电脑（PC）来完成。网络组态可以在网络启动时进行,而设备参数修改或控制器逻辑修改也可在线通过网络实现。

（3）数据采集。可基于既定节拍或应用需要方便地实现数据采集。所需要的数据通过人机接口显示,包括趋势和分析、系统维护和故障诊断等。

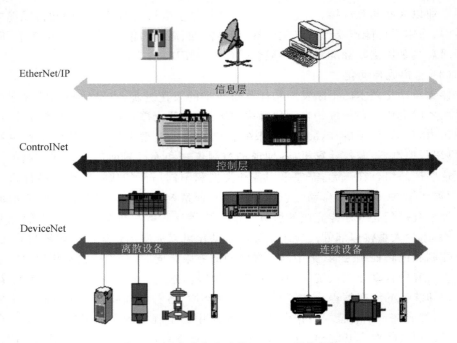

图 1.4　罗克韦尔自动化 NetLinx 网络架构

书中后续各章节将结合罗克韦尔 NetLinx 开放式自动控制网络中的各个模块详细展开论述。

第2章

HOTS 系统实验平台

HOTS 系统实验平台（如图 2.1 所示）整合了自动化控制系统对逻辑控制、过程控制和传动控制等的需求，每套 HOTS 系统实验平台包含 Micro850 PLC（2080-LC50-48QWB、2080-LC50-24QWB 两种型号）、PowerFlex525 变频器、21711R-T7T 触摸屏、路由器和工控机、三相异步电动机及其驱动对象。基于 HOTS 系统实验平台可以完成系列控制实验项目。

路由器：192.168.1.X1

变频器：192.168.1.X3

触摸屏：192.168.1.X5

PLC：
192.168.1.X2

工控机：192.168.1.X4

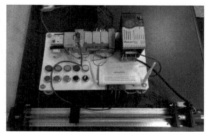

图 2.1　HOTS 系统实验平台

2.1　Micro850 PLC

2.1.1　Micro850 概述

可扩充式 Micro850 控制器为机械制造商及使用者提供灵活有弹性、个人化应用、卓越 I/O 效能与节省空间的最佳解决方案。作为 Micro800 系列先进的控制器成员，Micro850 具有可节省空间的 Plug-in 功能、扩充 I/O 模组与可拆式端子台区块，可大幅度提高 Micro800 系列 PLC 的灵活性与客制化功能，图 2.2(a) 为 24 点控制器、(b) 为 48 点控制器。Micro850 48 点控制器可支持多达 4 组 2085 扩展 I/O 模块，其中包括高密度数字量 I/O 和高精度模拟量 I/O，总计最多 132 个 I/O 点。

(a) 24点控制器

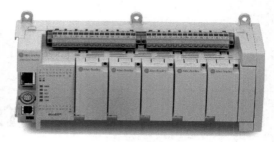

(b) 48点控制器

图 2.2　Micro850 控制器

Micro850 的可扩展 I/O 模块包含：

（1）2085 模拟量扩展 I/O 模块。该模块提供 4 通道或 8 通道隔离型模拟量输入/输出模块。

（2）2085 数字量扩展 I/O 模块。该模块提供多种直流和交流数字量模块以满足不同的应用需求，不仅可以提供继电器输出模块，还可以为项目需求提供固态输出模块，提供高密度数字量 I/O 模块以减少接线所占空间。

（3）2085 特殊功能扩展 I/O 模块。该模块提供 4 通道隔离型热电阻输入模块（RTD），提供 4 通道隔离型热电偶输入模块（TC）。

Micro850 控制器有以下几点特性。

➤ 提供 24 点和 48 点控制器；

➤ 在 24 V 直流型号上包含 100 kHz 的高速计数器（HSC）输入；

➤ 提供 USB 编程端口、非隔离串口（用于 RS-232 和 RS-485 通信）和以太网接口；

➤ 支持多达 5 个 Micro800 功能性插件模块；

➤ 支持多达 4 个 Micro850 扩展 I/O 模块；

➤ 支持多达 3 个脉冲序列输出（PTO）功能；

➤ 通过 EtherNet/IP 进行通信（仅限服务器模式）；

➤ 在 −20～65 ℃温度下工作。

2.1.2　Micro850 控制器的功能及插件模块

Micro850 控制器是一种带嵌入式输入和输出的可扩展方块控制器，由于 HOTS 系统实验平台内所使用两种型号 2080-LC50-48QWB 和 2080-LC50-24QWB 的基本功能类似，因此，本书后续内容将以 Micro850 2080-LC50-24QWB 型控制器为例，介绍其原理和应用。Micro850 2080-LC50-24QWB 型可安装 3 个功能性插件模块以及 4 个 Micro800 扩展 I/O 模块，并兼容任何满足最低规范要求的 24 V 直流输出电源，例如可选 Micro800 电源。Micro850 2080-LC50-24QWB 型控制器的外观和状态指示灯如图 2.3 所示,对各部分的具体描述如表 2.1、表 2.2 所列。

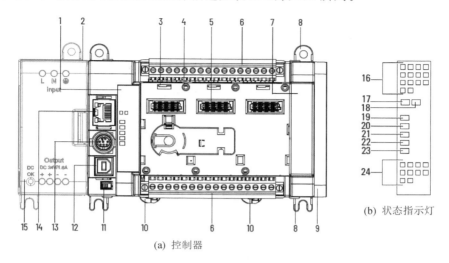

图 2.3　24 点 Micro850 2080-LCS50-24QWB 型控制器外观和状态指示灯

表 2.1　Micro850 2080-LCS50-24QWB 型控制器硬件说明

序　号	硬件功能	序　号	硬件功能
1	状态指示灯	9	扩展 I/O 插槽盖
2	可选电源插槽	10	DIN 导轨安装插销
3	插件锁销	11	模式开关
4	插件螺丝孔	12	B 型连接器 USB 端口
5	40 针高速插件连接器	13	RS232/RS485 非隔离式组合串行端口
6	可拆卸 I/O 端子块	14	RJ-45 EtherNet/IP 连接器(带嵌入式黄色和绿色 LED 指示灯)
7	右侧盖		
8	安装螺丝孔/安装脚	15	可选交流电源

表 2.2　Micro850 2080-LC50-24QWB 型状态指示灯说明

序　号	功能说明	序　号	功能说明
16	输入状态	21	故障状态(FAULT)
17	模块状态(MS)	22	强制状态(FORCE)
18	网络状态(NS)	23	串行通信状态(COMM)
19	电源状态(POWER)	24	输出状态(0～19)
20	运行状态(RUN)		

2.2 I/O 模块

2.2.1 Micro850 2080-LC50-24QWB 的 I/O 分布

HOTS 系统实验平台中所使用 Micro850 2080-LC50-24QWB 的型号含义为：

> 2080——目录号；
> LC50——基本单元，LC50 代表 Micro850（LC10 代表 Micro810，LC30 代表 Micro8300；
> 24——I/O 数量，如 16,24,48 等；
> Q——输入类型，Q 代表 24 V AC/DC，A 代表 110 V AC 或 110/220 V AC；
> W——输出类型，W 代表继电器输出型，B 代表 24 V 直流拉出型，V 代表直流灌入型；
> B——电源类型，B 代表 24 V DC，A 代表 120/240 V AC。

Micro850 2080-LC50-24QWB 外部接线端子分布情况如图 2.4 所示，第一排 I-00～I-13 为输入 I/O 端口，其中 I-00～I-07 为高速输入 I/O 端口；第二排 O-00～O-09 为输出 I/O 端口。

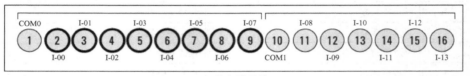

(a) 输入端子块

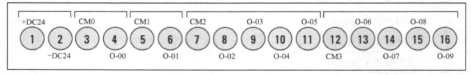

(b) 输出端子块

图 2.4 Micro850 2080-LC50-24QWB 外部接线端子分布图

2.2.2 Micro850 2080-LC50-24QWB 的 I/O 配置

Micro850 2080-LC50-24QWB 的 I/O 配置相关数据如表 2.3 所列。

表 2.3 Micro850 2080-LC50-24QWB 的 I/O 配置数据

输入 I/O(12/24V)	继电器型输出	HSC
14 个	10 个	4 个

（1）输入 I/O 配置

注意，Micro850 2080-LC50-24QWB 的数字量输入分为灌入型和拉出型，两种输入类型的接线示意图分别如图 2.5、图 2.6 所示。

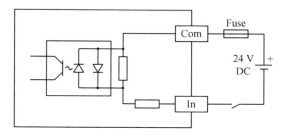

图 2.5　灌入型输入接线示意图

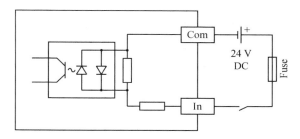

图 2.6　拉出型输入接线示意图

（2）继电器输出 I/O 配置

Micro850 2080-LC50-24QWB 控制器的继电器输出技术参数为：

➢ 最小输出电压——5 V DC,5 V AC；

➢ 最大输出电压——125 V DC,265 V AC；

➢ 最小负载电流——10 mA；

➢ 最大负载电流——2 A；

➢ 每个公共端的最大电流——5 A；

➢ 最大接通时间——10 ms；

➢ 最大关断时间——10 ms。

（3）高速计数器配置

高速计数器（High-Speed Counter,HSC)可用于检测窄脉冲（快脉冲），其专用指令可根据达到预设值的计数启动其他控制操作，如立即执行高速计数器的中断例程，以及基于所设源和掩码模式即时更新输出。高速计数器的部分增强功能包括：

➢ 100 kHz 操作；

➢ 直接控制输出；

➢ 32 位带符号整型数据（计数范围：±2 147 483 647)；

> ➤ 可编程的预设值上限和下限,以及上溢和下溢设定值;
>
> ➤ 基于累加计数的自动中断处理;
>
> ➤ 动态更改参数(通过用户控制程序)。

高速计数器功能操作方式如图 2.7 所示。需要先正确设置 OFSetting、HPSetting 和 UFSetting(某些计数模式下,可不必设置 LPSetting 值),然后才能触发 Start/Run HSC,否则控制器将出现故障。有关 HSC 功能块的详细配置信息,请参照本书第 7 章中的相关内容。

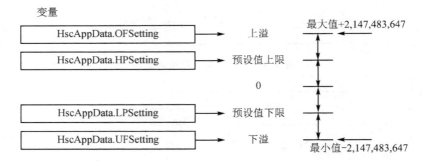

图 2.7　高速计数器功能操作方式

Micro850 2080-LC50-24QWB 具有 2 个主高速计数器(分别为 HSC0、HSC2)和 2 个副高速计数器(分别为 HSC1、HSC3),且每个主高速计数器都带有四路专用输入,每个副高速计数器都带有两路专用输入。每个高速计数器所对应的输入 I/O 端口如表 2.4 所列,运行于不同计数模式时输入 I/O 端口的对应功能如表 2.5 所列。

表 2.4　Micro850 2080-LC50-24QWB 中高速计数器对应 I/O 端口

高速计数器	使用的输入端口
HSC0	I-00,I-01,I-02,I-03
HSC1	I-02,I-03
HSC2	I-04,I-05,I-06,I-07
HSC3	I-06,I-07

表 2.5　Micro850 控制器的 HSC 计数模式

运行模式	I-00(HSC0) I-02(HSC1) I-04(HSC2) I-06(HSC3)	I-01(HSC0) I-03(HSC1) I-05(HSC2) I-07(HSC3)	I-02(HSC0) I-06(HSC2)	I-03(HSC0) I-07(HSC2)	用户程序中的模式号
带内部方向的计数器(模式 1a)	递增计数	未使用	未使用	未使用	0
带内部方向、外部复位和保持的计数器(模式 1b)	递增计数	未使用	复位	保持	1

续表 2.5

运行模式	I-00(HSC0) I-02(HSC1) I-04(HSC2) I-06(HSC3)	I-01(HSC0) I-03(HSC1) I-05(HSC2) I-07(HSC3)	I-02(HSC0) I-06(HSC2)	I-03(HSC0) I-07(HSC2)	用户程序中 的模式号
带外部方向的计数器(模式 2a)	递增或递减计数	方向	未使用	未使用	2
带外部方向、复位和保持的计数器(模式 2b)	递增或递减计数	方向	复位	保持	3
双输入计数器(模式 3a)	递增计数	递减计数	未使用	未使用	4
带外部复位和保持的双输入计数器(模式 3b)	递增计数	递减计数	复位	保持	5
正交计数器(模式 4a)	A 型输入	B 型输入	未使用	未使用	6
带外部复位和保持的正交计数器(模式 4b)	A 型输入	B 型输入	Z 型复位	保持	7
正交 X4 计数器(模式 5a)	A 型输入	B 型输入	未使用	未使用	8
带外部复位和保持的正交 X4 计数器	A 型输入	B 型输入	Z 型复位	保持	9

2.3　触摸屏

2.3.1　PanelView 800 系列触摸屏概述

PanelView800 系列触摸屏(如图 2.8 所示)是罗克韦尔公司生产的一种人机操作界面,屏幕尺寸有 4 英寸、7 英寸和 10 英寸三种。使用 PanelView800 系列触摸屏无须在计算机上安装其他软件,在 CCW 软件中就可以应用触摸屏进行设计和开发,并可与 Micro800 和 MicroLogix 系列控制兼容使用。其主要特点包括:

➤ 带有 LED 背光的 65K 色高分辨率显示屏;

➤ 灵活支持横向和纵向的应用模式;

➤ 800 MHz CPU 处理器,256 MB 内存;

➤ 能够对嵌入式变量和报警状态/历史发出告警消息;

➤ 具有上传/下载数据组或参数设置的功能。

图 2.8　PanelView800 系列触摸屏

2.3.2　PanelView 800 Terminals-2711R-T7T 触摸屏

PanelView 800 Terminals-2711R-T7T 触摸屏外观如图 2.9 所示,其各硬件具体功能如表 2.6 所列。

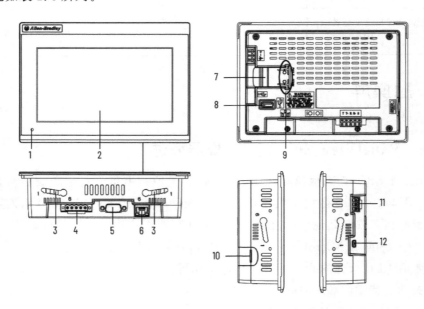

图 2.9　PanelView 800 Terminals-2711R-T7T 外观图

表 2.6　PanelView 800 Terminals-2711R-T7T 硬件说明

序　号	硬件功能	序　号	硬件功能
1	电源状态指示灯	7	实时时钟的可更换电池
2	触摸屏	8	USB 主机端口
3	安装卡槽	9	诊断状态指示灯
4	RS422 或 RS485 端口	10	安全数字(SD)卡槽
5	RS232 端口	11	24 V 直流电源输入
6	10/100 Mb 以太网接口	12	USB 设备端口

2.4　变频器

2.4.1　PowerFlex 525 交流变频器概述

PowerFlex 525 变频器(如图 2.10 所示)是罗克韦尔公司生产的交流变频器产品。它将各种电动机控制选项、通信、节能和标准安全特性组合在一个高性价比变频器中,适用于从单机到简单系统集成的多种系统的各类应用。其主要特点包括:

➢ 功率额定值涵盖 0.4~22 kW/0.5~30 Hp (380/480 V 时),满足全球各地不同的电压等级要求(100~600 V);

➢ EtherNet/IP 嵌入式端口支持无缝集成到 Logix 环境和 EtherNet/IP 网络;

➢ 选配的双端口 EtherNet/IP 可提供更多的连接选项,内置 DSI 端口支持多台变频器联网,一个节点上最多可连接 5 台 PowerFlex 交流变频器;

➢ 可拆卸式控制模块和电源模块,允许安装和配置同步完成;

图 2.10　PowerFlex 525 变频器

➢ 使用嵌入式安全断开扭矩功能帮助保护人员安全;

➢ 电动机控制范围广,包括压频比、无传感器矢量控制、闭环速度矢量控制和永磁电动机控制。

2.4.2 PowerFlex 525 交流变频器硬件

PowerFlex 525 交流变频器控制 I/O 接线框图如图 2.11 所示,其各硬件具体说明如表 2.7 所列。

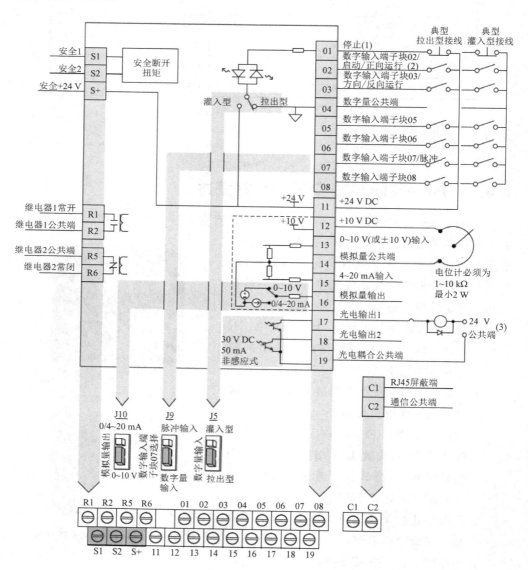

图 2.11　PowerFlex 525 接线图

表 2.7　PowerFlex 525 硬件说明

序　号	信号名称	默认值	说　明	相关参数
R1	常开继电器 1	故障	输出继电器的常开触点	t076
R2	常开继电器 1 公共端	故障	输出继电器的公共端	
R5	常闭继电器 2 公共端	电动机运行	输出继电器的公共端	t081
R6	常闭继电器	电动机运行	输出继电器的常闭触点	
01	停止	滑坡运行	三线停止,但是当该硬件作为所有输入的停止模式时,不能被禁用	P045
02	起动/正转	正向运行	用于启动 motion,也可用作一个可编程的数字输入。该硬件可以通过编程 T062 用于作为三线(开始/停止方向)或两线(正向运行/反向运行)的控制。电流消耗 6 mA	P045、P046
03	方向/反转	反向运行	用于启动 motion,也可用作一个可编程的数字输入。该硬件可以通过编程 T063 用于作为三线(开始/停止方向)或两线(正向运行/反向运行)的控制。电流消耗 6 mA	T063
04	数字量公共端		返回数字 I/O。与驱动器的其他部分电气隔离(包括数字 I/O)	
05	DigIn TermBlk 05	预存频率	编程 T065,电流消耗 6 mA	t065
06	DigIn TermBlk 06	预存频率	编程 T066,电流消耗 6 mA	t066
07	DigIn TermBlk 07/脉冲输入	启动源 2+速度参考 2	编程 T067,作为参考输入或速度反馈的一个脉冲序列,其最大频率为 100 Hz,电流消耗 6 mA	t067
08	DigIn TermBlk 08	正向点动	编程 T068,电流消耗 6 mA	t068
C1	C1		此端子连接到屏蔽的 RJ-45 端口。当使用外部通信时,减少噪声干扰	
C2	C2		通信信号的 common 端	
S1	安全 1		安全输入 1,电流消耗 6 mA	
S2	安全 2		安全输入 2,电流消耗 6 mA	
S+	安全+24V		+24 V 电源的安全端。内部连接到 DC +24 V 端(引脚 11)	
11	DC +24V		参考数字 common 端,变频器电源的数字输入,最大输出电流 100 mA	

续表 2.7

序　号	信号名称	默认值	说　明	相关参数
12	DC +10V		参考模拟 common 端,变频器电源外接电位器 0~10 V,最大输出电流 15 mA	P047、P049
13	±10 V 输入	未激活	对于外部 0~10 V(单极性)或 ±10 V(双极性)的输入电源或电位器,电压源的输入阻抗为 100 kΩ,允许的电位器阻值范围为 1~10 kΩ	P047、P049 t062、t063 t065、t066 t093、A459 A471
14	模拟量公共端		返回的模拟 I/O,从驱动器的其余部分隔离出来的电气(连同模拟 I/O)	
15	4~20 mA 输入	未激活	外部输入电源 4~20 mA,输入阻抗 250 Ω	P047、P049 t062、t063 t065、t066 A459、A471
16	模拟量输出	输入频率 0~10	默认的模拟输出为 0~10 V,通过更改输出跳线可改变为模拟输出电流 0~20 mA。模拟量输出通过 T088 设置,最大模拟量输出通过 T089 进行设置。最大负载:4~20 mA=525 Ω(10.5 V);0~10 V=1 kΩ(10 mA)	t088、t089
17	光电耦合输出 1	电动机运行	编程 T069,每个光电输出额定 30 V,直流 50 mA(非感性)	t069、t070
18	光电耦合输出 2	频率	编程 T072,每个光电输出额定 30 V,直流 50 mA(非感性)	t072、t073 t075
19	光电耦合公共端		光耦输出(1 和 2)的发射端连接到光耦的 common 端	

在电动机启动前,用户必须检查控制端子接线。

(1)检查并确认所有输入都连接到正确的端子且很安全。

(2)检查并确认所有的数字量控制电源是 24 V。

(3)检查并确认灌入(SNK)/拉出(SRC)DIP 开关设置与用户控制接线方式相匹配。

注意:默认状态 DIP 开关为拉出(SRC)状态。I/O 端子 01(停止)和 11(DC +24 V)短接以允许从键盘启动。如果控制接线方式改为灌入(SNK),该短接线必须从 I/O 端子 01 和 11 间去掉,并安装到 I/O 端子 01 和 04 之间。

2.4.3　PowerFlex 525 集成式键盘操作

PowerFlex 525 集成式键盘外观如图 2.12 所示,菜单说明见表 2.8,各 LED 和按键指示表见表 2.9、表 2.10。

图 2.12　PowerFlex 525 集成式键盘外观

表 2.8　菜单说明

菜　单	说　　　明	菜　单	说　　　明
b	基础显示组,包括通常要查看的变频器运行状况	R	高级编程组,包括剩余的可编程功能
P	基础程序组,包括大多数常用的可编程功能	N	网络组,包括通信卡使用时的网络功能
t	端子模块组,包括可编程端子功能	M	修改组,包括其他组中默认值被修改的功能
C	通信组,包括可编程通信功能	f	默认和诊断组,包括特殊故障情况的代码,只有当故障发生时才显示
L	逻辑组,包括可编程逻辑功能	G	App View 和 Custom View 组,包括从其他组中组织具体应用的功能
d	高级显示组,包括变频器的运行情况		

表 2.9　各指示灯说明

显　示	显示状态	说　明
ENET	不亮	设备无网络连接
	稳定	设备已连接到网络并且驱动由以太网控制
	闪烁	设备已连接到网络但是以太网没有控制驱动
LINK	不亮	设备未连接到网络
	稳定	设备已连接到网络但是没有信息传递
	闪烁	设备已连接到网络并且正在进行信息传递
FAULT	红色闪烁	表明驱动出现故障

表 2.10　各按键说明

按　键	名　称	说　明
△ ▽	上、下箭头	在组内和参数中滚动。增加/减少闪烁的数字值
Esc	退出	在编程菜单中后退一步。取消参数值的改变并退出编程模式
Sel	选定	在编程菜单中进一步。在查看参数值时,可选择参数数字
↵	进入	在编程菜单中进一步。保存改变后的参数值
⌢	反转	用于反转变频器方向。默认值为激活
▯	启动	用于启动变频器。默认值为激活
◉	停止	用于停止变频器或清除故障。该键一直激活
电位计图标	电位计	用于控制变频器的转速。默认值为激活

　　熟悉内置键盘各部分含义后,通过表 2.11 了解如何查看和编辑变频器的参数。

表 2.11　查看和编辑变频器参数

步　骤	按　键	显示实例
(1) 当上电时,上一个用户选择的基本显示组参数号以闪烁的字符简单地显示出来。然后,默认显示该参数的当前值(实例是当变频器停止时,b001[输出频率]的值)		FWD 0.00 HERTZ
(2) 按下退出(ESC)键,显示上电时,基本显示组的参数号,并且该参数号将会闪烁	Esc	FWD b001
(3) 按下退出(ESC)键,进入参数组列表。参数组字母将会闪烁	Esc	FWD b001
(4) 按向上或向下箭头,浏览组列表(b、P、t、C、L、d、A、f 和 Gx)	△ ▽	FWD P031
(5) 按进入(Enter)键或选定(Sel)键进入一个组。上一次所浏览该组参数的右端数字将闪烁	↵ 或 Sel	FWD P031
(6) 按向上或向下箭头浏览参数列表	△ ▽	FWD P031
(7) 按进入(Enter)键查看参数值,或者按退出(Esc)键返回到参数列表	↵	FWD 230 VOLTS
(8) 按进入(Enter)键或选定(Sel)键进入编辑模式编辑该值。右端数字将闪烁,并且在 LCD 显示屏上将亮起 Program	↵ 或 Sel	FWD 230 VOLTS PROGRAM
(9) 按向上或向下箭头改变参数值	△ ▽	FWD 229 VOLTS PROGRAM

步　骤	按　键	显示实例
(10) 如果需要,按选定(Sel)键,从一个数字到另一个数字或者从一位到另一位。可以改变的数字或位将会闪烁	Sel	FWD **229** VOLTS PROGRAM
(11) 按退出(Esc)键,取消更改并且退出编辑模式;或者按进入(Enter)键保存更改并退出编辑模式。该数字将停止闪烁,并且在 LCD 显示屏上的 Program 将关闭	Esc 或 ↵	FWD **230** VOLTS　或　FWD **229** VOLTS
(12) 按退出(Esc)键返回到参数列表。继续按退出(Esc)键返回到编辑菜单。如果按退出(Esc)键不改变显示,那么 b001(输出频率)会显示出来。按进入(Enter)键或选定(Sel)键再次进入组列表	Esc	FWD **P031**

2.5　三相异步电动机的变频调速

　　在 HOTS 系统实验平台内,Micro850 控制器负责根据现场控制要求和外部输入条件向 PowerFlex 525 逆变器发出控制指令,PowerFlex 525 逆变器负责输出三相交流电驱动三相异步电动机工作,三相异步电动机则负责驱动各种机械负载运行于期望状态。显然,熟练掌握三相异步电动机变频调速的基本原理,对精确控制电动机转速、转矩等参数,构建高效、精准的自动控制系统是非常有帮助的。

2.5.1　三相异步电动机的机械特性

　　(1) 三相异步电动机的转速

　　三相异步电动机定子磁场的转速被称为异步电动机的同步转速,由电动机磁极对数和逆变器输出频率所决定。当用 n_s 表示同步转速时,则有:

$$n_s = \frac{60 f_s}{n_p} \tag{2.1}$$

　　其中,f_s 为电动机定子供电频率,n_p 为电动机极对数。由式(2.1)中可见,只要改变异步电动机定子供电频率 f_s,就可以达到调速的目的,这就是三相异步电动机变频调速的理论基础。

　　三相异步电动机的实际转速为 n,n 总小于 n_s。以 n_s 为基准,定义转差率 s 为

$$s = \frac{n_s - n}{n_s} \qquad (2.2)$$

异步电动机的转速 n 为

$$n = \frac{60 f_s}{n_p}(1 - s) \qquad (2.3)$$

（2）三相异步电动机的机械特性曲线

三相异步电动机的机械特性曲线是转矩与转差率的关系曲线 $T_{ei} = f(s)$，或转速与转矩的关系曲线 $n = f(T_{ei})$，图 2.13 展示的是表示固定电压下异步电动机的转矩与转差率之间关系的曲线。

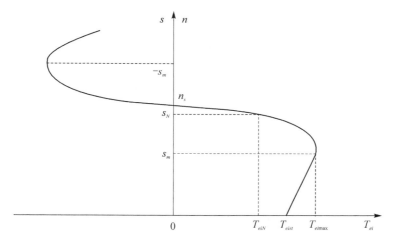

注：（1）启动转矩 T_{eist}——处于停止状态的异步电动机加上电压后，电动机产生的转矩。

　　（2）最大转矩 T_{eimax}——在额定条件下运行时，增加负载而不至于使电动机突然停下时电动机所能产生的最大转动力矩。最大转矩又被称为停转转矩。

　　（3）额定转矩 T_{eiN}——电动机在额定负载时的转矩。

　　（4）额定转差率 s_N——与额定转矩对应的转差率。

　　（5）最大转差率 s_m——与最大转矩对应的转差率。

　　（6）电动状态——电动机产生转矩，使负载转动。

　　（7）再生制动状态——由于负载的原因，使电动机实际转速超过同步转速，此时，负载的机械能量转换为电能并反馈给变频器，异步电动机运行在发电模式。

图 2.13　异步电动机机械特性曲线

三相异步电动机的机械特性曲线具有以下特点：当 $0 < s < 1$ 时，即 $0 < n < n_s$ 的范围内，特性在第一象限，电磁转矩 T_{ei} 与转速 n 都为正，从规定正方向判断，T_{ei} 与 n 同方向，n 与同步转速 n_s 同方向，电动机工作在电动运行状态；当 $s < 0$ 时，即 $n_s < n$，特性在第二象限，电磁转矩 T_{ei} 为负值，表现为制动性转矩，电动机工作在发电运行状态。

2.5.2 三相异步电动机的变频调速原理

（1）负载变化时工作点的转移

如图 2.14 所示，假设负载为恒转矩负载，且负载转矩为 T_L，拖动系统在 Q 点运行，转速为 n_Q。若负载转矩减小为 $T_{L'}$，在 $T_{L'}$ 刚减小的瞬间，T_{ei} 未变，故 $T_{ei} > T_{L'}$，拖动系统转速将上升，由电动机的机械特性可知，随着转速的提高，电动机输出电磁转矩 T_{ei} 将减小，拖动系统的工作点将顺着曲线向 Q' 移动。当工作点到达 Q' 点时，电动机的电磁转矩 $T_{ei'}$ 又与负载转矩 $T_{L'}$ 相等，拖动系统将在转速 $n_{Q'}$ 下稳定运行，拖动系统的工作点移到 Q' 点。

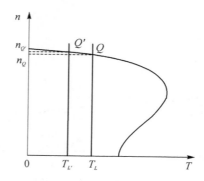

图 2.14　负载变化时的工作点变化

由于电动机的机械特性并没有发生变化，从电动机角度考虑，工作点的移动是在同一条机械特性中进行的。

（2）负载不变，变频调速时，工作点的转移

在变频调速系统中，转速的下降是通过降低频率来实现的。

假设降速前系统运行频率为 f_1 的电动机机械特性如图 2.15 的曲线 1 所示，负载为恒转矩负载，工作点在 A 点，电动机的电磁转矩 T_{ei} 与负载转矩 T_L 相平衡，即 $T_{ei} = T_L$，此时电动机转速为 n_{01}。

当频率下降为 f_2 时，机械特性变为曲线 2，但转速因惯性不能立即改变，故工作点跳变至 B，产生反向制动转矩 T_B，电动机进入制动状态，系统开始沿曲线 2 减速，直到稳定运行于 C 点。

2.5.3 三相异步电动机的制动原理

电动机的电磁制动是使其产生的电磁转矩方向与转子的转动方向相反，通过产生制动作用以达到降低或限制转子转速的目的。异步电动机采用的制动方法与直流电动机一样，有反接制动、能耗制动和回馈制动三种。三相异步电动机变频调速所应用的主要是回馈制动和能耗制动。

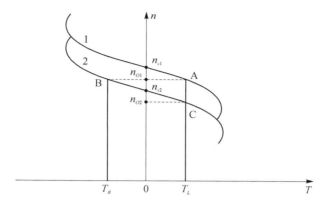

图 2.15　变频调速机械特性

（1）回馈制动

当电动机转速 $n(\omega)$ 大于旋转磁场同步转速 $n_s(\omega_s)$ 时，异步电动机已变成发电机运行，转差率变成负值，其运行特性对应机械特性的第二象限。如图 2.15 所示，当定子频率由 f_1 下降到 f_2 后，电动机的工作点由 A 跳变到 B，这时电动机转速 n_{O1} 大于同步转速 n_{s2}，转差率变成负值，电磁转矩与转速 n 方向相反，成为制动转矩。电动机在制动转矩作用下沿着机械特性曲线 2 减速到同步转速 n_{s2}，这时电动机的电磁转矩等于 0。在这个过程中，电动机的工作如同一台与三相电源并联的异步发电机，供电给电源，同时从电源吸取无功功率进行激磁。从能量转换的观点看，这是机械能变为电能的发电机运行状态，被称为回馈制动。

电动机转速沿着机械特性曲线 2 从 n_{s2} 减速到 n_{O2} 的过程中，电磁转矩与转速 n 方向相同，成为电动转矩，但由于电动转矩小于负载转矩，电动机仍是一个减速过程，直到电动转矩等于负载转矩为止，这时电动机的转速为 n_{O2}。

从上述分析过程可见，连续降低电动机定子电压频率，电动机通过回馈制动减速，这就是电动机回馈制动的原理。

（2）能耗制动

能耗制动是将异步电动机的三相定子绕组从交流电源上断开后，给定子绕组任意两相上加直流电源。定子建立恒定磁场，使转动的转子切割此恒定磁场，从而在转子导体中产生感应电流，转子电流与恒定磁场所产生的电磁转矩方向与转子方向相反，为一制动转矩，使转速下降。当转速 $n=0$ 时，转子电势和电流均为 0，制动过程结束。这种方法将转子的动能变为电能消耗于转子电阻上，所以被称为能耗制动。

异步电动机能耗制动机械特性曲线如图 2.16 所示，第一象限中的曲线 1 是异步电动机的固有机械特性，第二象限中的曲线 2 和曲线 3 是能耗制动机械特性。曲线 2 的直流电流大于曲线 3 的直流电流，可见在同一转速下，直流电流越大，制动转矩也就越大。

由机械特性曲线可以分析异步电动机的能耗制动过程，假设电动机在原有电动

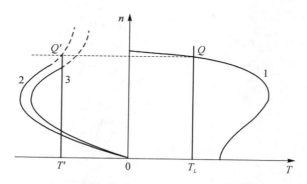

图 2.16　异步电动机能耗制动机械特性曲线

状态的 Q 点稳定运行,若切换至能耗制动状态,则工作点变到曲线 2 的 Q' 点,电磁转矩是负值,电动机的工作点将顺着曲线 2 下降为 0,电动机得以制动。

第3章

使用编程软件

3.1 安装软件

Connected Components Workbench(CCW)软件是罗克韦尔自动化公司少有的一款全免费软件,可用于控制器编程、仿真、设备组态和人机界面设计。CCW 软件能够支持 HOTS 系统实验平台下的 Micro850 控制器、PanelView800 系列触摸屏、PowerFlex 525 交流变频器所有的硬件设备。

3.1.1 CCW 软件安装

(1)计算机硬件配置要求

有效使用 CCW 软件的计算机需要满足如图 3.1 所示的硬件配置。

Minimum requirements	
Processor	Intel Core i5 Standard Power processor (i5-3xxx) or equivalent
RAM memory	8 GB
Hard disk space	20 GB free
Optical drive	DVD-ROM (only required if software is installed from DVD)
Pointing device	Any Microsoft Windows® compatible pointing device

图 3.1 CCW 软件需要的计算机硬件配置

(2)计算机软件配置要求

最新版 CCW 软件所支持的操作系统、版本和服务包如图 3.2 所示。

(3)软件安装

基础版 CCW 软件可以直接从罗克韦尔自动化官方网站 https://rok.auto/ccw 进行下载。

1)下载软件后,在安装文件中选择安装图标,双击该图标开始安装;出现安装向导对话框,选择安装语言后单击"继续"按钮,如图 3.3 所示。

2)在功能选择界面内,选择"典型",安装所有标准程序功能,然后单击"下一步"按钮,如图 3.4 所示。

Supported operating system
Windows Server 2012*
Windows Server 2012 R2
Windows Server 2016*
Windows Server 2019
Windows 10 IoT Enterprise 2016 LTSB 64-bit
Windows 10 IoT Enterprise 2019 LTSC
Windows 10
Windows 11**

注：① 所有支持的操作系统均须安装. NET Framework 3.5.；

② ＊支持 CCW 软件版本 20 或之前的版本；

③ ＊＊支持 CCW 软件版本 20 或之后的版本。

图 3.2　最新版 CCW 软件所支持软件配置

图 3.3　安装向导对话框

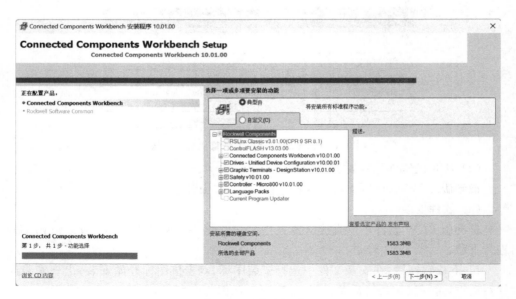

图 3.4　功能选择界面

3）在客户信息界面中，填写"用户名"和"组织"选项，然后单击"下一步"按钮继续安装，如图3.5所示。

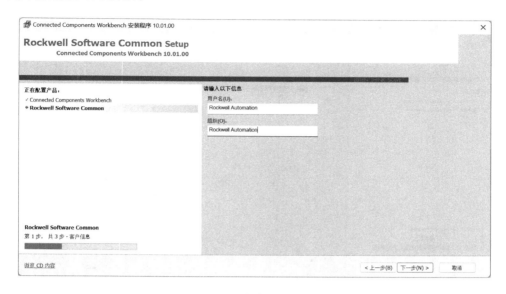

图3.5　客户信息界面

4）在接下来的许可协议界面中，点选"我接受许可协议中的条款"选项，然后单击"下一步"按钮继续安装，如图3.6所示。

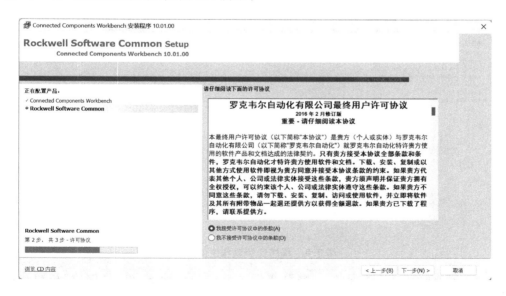

图3.6　许可协议界面

5）在安装位置界面中,选择要安装所有产品的位置,然后单击"安装"按钮开始安装进程,如图 3.7、图 3.8 所示。

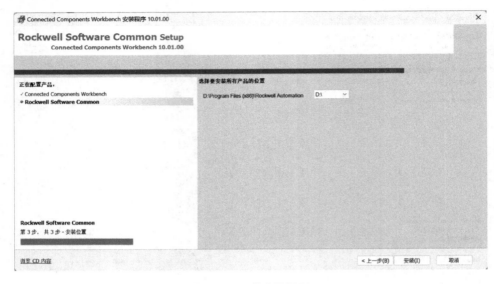

图 3.7　安装位置界面

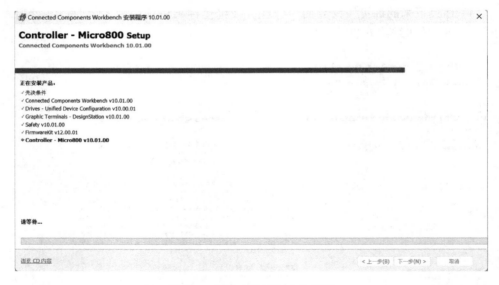

图 3.8　程序安装过程中的界面

6）完成所有产品的安装后,将弹出图 3.9 中的对话框,单击"完成"按钮结束 CCW 软件安装过程。

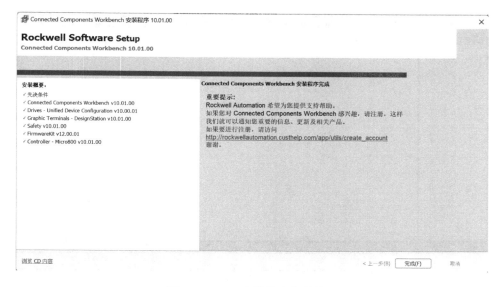

图 3.9 CCW 安装程序完成界面

3.1.2 新项目创建

本小节将演示如何在 CCW 软件中创建一个新的项目。

（1）打开 CCW 软件

单击如图 3.10 所示 CCW 软件桌面快捷方式图标。

进入 CCW 软件后，将显示一个开始页界面，如图 3.11 所示，整个界面可以划分为三部分。最左侧是项目管理器窗口，在此窗口中显示新建项目所选择的控制器及项目中建立的变量和编写的程序，并可以

图 3.10 CCW 软件图标

对控制器及其程序和变量进行编译、删除等操作。中间部分为工作区和输出窗口，在工作区中将显示编写的程序或者要组态的控制器，输出窗口可显示编译程序后的提示信息。最右侧是设备工具箱和指令工具箱，上方为设备工具箱，其中的设备包括控制器、变频器和触摸屏三部分，打开菜单可以选择相应的设备；下方为指令工具箱，当为建立的项目选择好控制器以后，编写程序时此处会显示要使用的指令，只需要把指令拖拽到工作区的编程区即可使用。

（2）选择控制器

在创建工程之前，首先在设备工具箱中选择控制器，如图 3.12 所示，双击 HOTS 系统实验平台下所使用 Micro850 中的 2080-LC50-24QWB 型控制器，并在弹

图 3.11 CCW 软件开始页界面

出的对话框中选择主版本,注意要选择与硬件对应的版本,单击"确定"按钮完成控制器的选择。

完成控制器选择后,左侧项目管理器窗口中即会出现所选择的 Micro850 控制器,双击 Micro850 图标,即可在中间的工作区中显示其图片及所有相关信息,如图 3.13 所示。

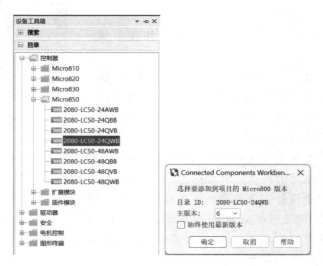

图 3.12 控制器选择界面

若错误地选择了其他型号的控制器,可以用鼠标右击左侧项目管理器窗口中的 Micro850 图标,在下拉菜单中选择"更改控制器"选项,如图 3.14 所示。

图 3.13　Micro850 详细信息界面

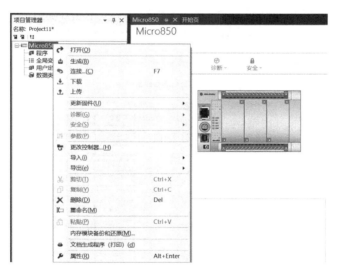

图 3.14　右击 Micro850 图标显示内容

　　单击"更改控制器"选项后,即出现图 3.15 中控制器更改对话框,其中会显示当前项目名称、控制器名称、控制器类型和控制器项目版本等信息,通过右侧菜单选项即可完成对以上信息的更改,更改完成后单击确定按钮以保存更改内容。

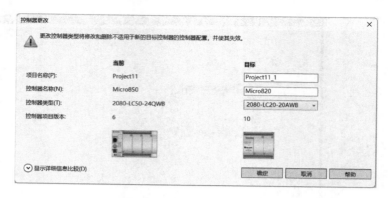

图 3.15　控制器更改对话框

3.2　I/O 模块的添加和组态

3.2.1　Micro850 控制器本地嵌入式 I/O 组态

有关 HOTS 系统实验平台中 Micro850 2080-LC50-24QWB 型控制器本地嵌入式 I/O 的特性和参数已在本书中 2.2 节有所介绍。本小节将主要介绍在 CCW 软件中对 Micro850 控制器本地嵌入式 I/O 的组态操作。单击中间工作区下方的"嵌入式 I/O"选项,即出现图 3.16 中所示的 I/O 组态设置界面。

控制器 - 嵌入式 I/O

输入筛选器				输入锁存和 EII 沿		
输入	输入筛选器		输入	启用锁存	EII 沿	
0-1	默认		0	☐	下降	下降
2-3	默认		1	☐	下降	下降
4-5	默认		2	☐	下降	下降
6-7	默认		3	☐	下降	下降
8-9	默认		4	☐	下降	下降
10-11	默认		5	☐	下降	下降
12-13	默认		6	☐	下降	下降
			7	☐	下降	下降
			8	☐	下降	下降
			9	☐	下降	下降
			10	☐	下降	下降
			11	☐	下降	下降

图 3.16　Micro850 控制器嵌入式 I/O 设置界面

在该设置界面中,"输入筛选器"确定的是从外部输入电压达到高电平或低电平的状态到控制器检测到状态更改需要的时间量,其中,对于 DC 筛选器时间,"由高电平向低电平变化,检测到低电平所需时间"和"由低电平向高电平变化,检测到高电平所需时间"的值相同。在默认选项下,"由高电平向低电平变化,检测到低电平所需时间"为 3.2 ms,"由低电平向高电平变化,检测到高电平所需时间"为 8 ms。

对于"启用锁存"部分,由于有些数字量输入状态变化的速度过快,可能导致 Micro850 控制器在一个循环扫描周期内无法检测到这些输入,因此可将这些数字量输入启用为锁存输入,并指定触发锁存的输入边沿方向。

关于"EII 沿"部分,EII 是 event input interrupt(事件输入中断)的简称,如果已启用 EII 沿功能,可在此指定对应输入的 EII 沿方向。

(1) 输入筛选器设定

如图 3.17 所示,单击数字量输入 I/O 后的"输入筛选器"下拉菜单,即可选择数字量的滤波时间,在 HOTS 系统实验平台中,数字量的滤波时间主要会对操作面板上的按钮信号输入产生影响。由于按下按钮时会闭合或断开相应的触点,在闭合或断开过程中,伴随着触点接触面的不稳定,将产生很多"毛刺",相当于触点在"通路"与"断路"状态间来回切换。为了消除这些"毛刺"带来的输入状态抖动,可以更改从外部输入电压达到 True 或 False 状态到控制器检测到状态更改需要的时间量,具体时间的长短应根据实际需要来确定。

(2) 输入锁存功能

如图 3.18 所示,当 Micro850 控制器启用输入通道 0 的锁存功能,并配置了上升沿时,控制器将会寻找输入通道 0 所接收信号中的上升沿。

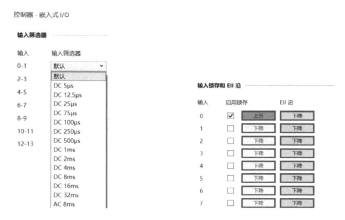

图 3.17 输入筛选器设置   图 3.18 启用锁存功能

控制器在检测到上升沿后的行为动作如图 3.19 所示,其中已锁存状态波形中的灰色区域即对应于输入筛选器中设置的延迟时间,只有当外部输入信号持续时间大于或等于灰色区域对应的延迟时间时,外部输入才会被判定为有效输入。

如图 3.19 所示,配置用上升沿启用锁存,一般适用于输入信号通常为"False"

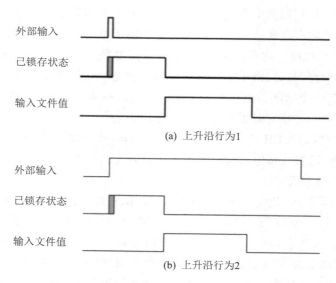

(a) 上升沿行为1

(b) 上升沿行为2

图 3.19 控制器在检测到上升沿后的行为动作

（0），而扫描到对应输入通道接收信号中的上升沿时更改为"True"（1）的情况。从图 3.19（a）、（b）中可见：

1）当 Micro850 控制器检测到输入通道接收信号中的上升沿时，控制器将"锁存"该事件，但是输入文件值没有马上变化，而是在等待控制器输入 I/O 扫描周期。

2）当控制器输入 I/O 扫描周期到来时，锁存的事件被读取，输入文件值变为"True"状态。

3）在下一个扫描周期到来之前，输入文件值将始终保持在"True"状态。

4）当下一个扫描周期到来时，由于接收信号中没有产生新的上升沿，所以输入文件值变为"False"状态。

若将控制器配置为用下降沿启用锁存，一般适用于输入文件值通常为"True"（1），而扫描到对应输入通道接收信号中的下降沿时更改为"False"（0）的情况。控制器在检测到下降沿后的行为动作如图 3.20 所示，其分析过程类似于配置用上升沿启用锁存的情况。

（3）EII 沿功能

设置 EII 沿也就是确定外部事件触发 EII 中断的条件，如图 3.21 所示，在 24 点控制器中有 14 个 I/O 具有触发 EII 中断的功能。

控制器一旦响应中断请求，就会暂时停止当前正在执行的程序，进行现场保护，然后转到相应的中断服务程序中去处理。若中断程序处理结束，则立刻恢复现场，将重新导入保存起来的现场数据和状态，返回到原程序中继续执行。

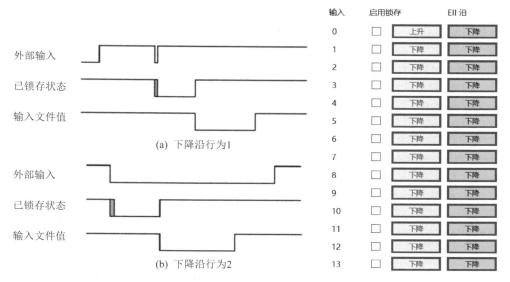

图 3.20 控制器在检测到下降沿后的行为动作

图 3.21 EII 沿的设置

3.2.2 Micro850 控制器插件 I/O 模块添加和组态

（1）Micro850 控制器插件 I/O 模块介绍

Micro850 控制器支持多种离散量和模拟量插件 I/O 模块，可以将任意组合的插件 I/O 模块连接到 Micro850 控制器上，但要求本地、插件和扩展的离散量 I/O 点数小于或等于 132。Micro850 控制器所支持的插件 I/O 模块如表 3.1 所列。

表 3.1 Micro850 控制器支持的插件 I/O 模块

插件模块型号	类 别	种 类
2080-IQ4	数字	4 点，12/24 V 拉出/灌入型输入
2080-IQ4OB4	数字	8 点组合，包含 4 点 12/24 V 拉出/灌入型输入，4 点 12/24 V 直流拉出型晶体管输出
2080-IQ4OV4	数字	8 点组合，包含 4 点 12/24 V 拉出/灌入型输入，4 点 12/24 V 直流灌入型晶体管输出
2080-OB4	数字	4 点，12/24 V 直流拉出型晶体管输出
2080-OV4	数字	4 点，12/24 V 直流灌入型晶体管输出
2080-OW4I	数字	4 点，交流/直流继电器型输出
2080-MOT-HSC	特殊	高速计数器，最大频率 250 kHz，正交差分输入
2080-TRIMPOT6	特殊	6 通道可调电位计模拟量输入，可为速度、位置和温度控制添加 6 个模拟量预设值

续表 3.1

插件模块型号	类　别	种　类
2080-IF2	模拟	2 通道,12 位非隔离电压/电流输入
2080-IF4	模拟	4 通道,12 位非隔离电压/电流输入
2080-OF2	模拟	2 通道,12 位非隔离电压/电流输出
2080-RTD2	模拟	2 通道,非隔离热电阻温度监测输入
2080-TC2	模拟	2 通道,非隔离热电偶温度监测输入
2080-DNET20	通信	DeviceNet 扫描主站/从站,用于多达 20 个节点
2080-SERIALISOL	通信	RS-232/485 隔离型串行端口

(2)添加和组态插件 I/O 模块

在 CCW 软件中可以方便地添加、配置 Micro850 控制器插件式 I/O 模块。

1)双击左侧项目管理器窗口中的 Micro850 图标,在中间工作区中打开 Micro850 控制器详细信息,HOTS 系统实验平台中的 Micro850 2080-LC50-24QWB 型控制器有 3 个插槽位置,如图 3.22 所示,鼠标单击图片中想要添加插件 I/O 模块的插槽位置,或者在下方菜单中直接单击选择空白的插槽位置。

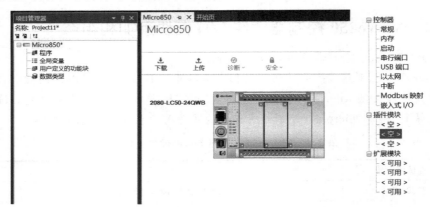

图 3.22　选择添加插件 I/O 模块的插槽位置

2)右击选中的空白插槽位置,根据实际情况,在弹出的"模拟""通信""数字""特殊"4 个选项中选择所要添加的扩展 I/O 模块。也可以在单击选中下方菜单空白插槽的情况下,右击鼠标弹出选项对话框,如图 3.23 所示。

3)按照以上两个步骤,假设在第二个空白插槽位置上插入模拟量输入模块 2080-IF4,由图 3.24 可见,中间工作区显示的是添加 2080-IF4 插件模块后 Micro850 控制器的外观。在图片下方的 2080-IF4 配置工作区内,可以对 2080-IF4 模块每个通道的输入类型、频率、输入状态进行组态。

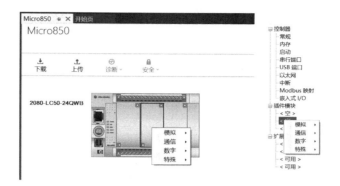

图 3.23 添加插件 I/O 模块示意图

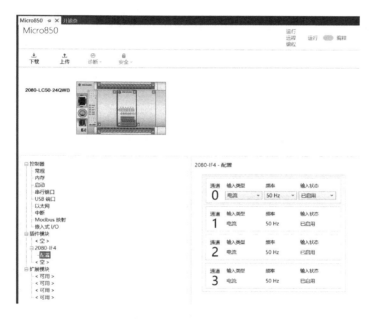

图 3.24 2080-IF4 插件模块的添加和组态

3.2.3 Micro850 控制器扩展 I/O 模块添加和组态

（1）Micro850 控制器扩展 I/O 模块介绍

Micro850 控制器同样支持多种离散量和模拟量扩展 I/O 模块如表 3.2 所列。

表 3.2 Micro850 控制器支持的扩展 I/O 模块

扩展模块型号	类　别	种　类
2085-IA8	离散	8 点,120 V 交流输入
2085-IM8	离散	8 点,240 V 交流输入

续表 3.2

扩展模块型号	类　别	种　类
2085-OA8	离散	8 点,120/240 V 交流晶闸管输出
2085-IQ16	离散	16 点,12/24 V 拉出/灌入型输入
2085-IQ32T	离散	32 点,12/24 V 拉出/灌入型输入
2085-OV16	离散	16 点,12/24 V 直流灌入型晶体管输出
2085-OB16	离散	16 点,12/24 V 直流拉出型晶体管输出
2085-OW8	离散	8 点,交流/直流继电器型输出
2085-OW16	离散	16 点,交流/直流继电器型输出
2085-IF4	模拟	4 通道,14 位隔离电压/电流输入
2085-IF8	模拟	8 通道,14 位隔离电压/电流输入
2085-OF4	模拟	4 通道,12 位隔离电压/电流输出
2085-IRT4	模拟	4 通道,16 位隔离热电阻(RTD)和热电偶输入模块
2085-ECR	终端	2085 的总线终端电阻

(2)添加和组态扩展 I/O 模块

1)添加扩展 I/O 模块时,可在右侧设备工具箱窗口目录→控制器→扩展模块文件中找到想要添加的扩展 I/O 模块,如假设添加模拟量输入模块 2085-IF4。或者鼠标右击下方菜单中扩展模块＜可用＞标志,在弹出的选项对话框选中 2085-IF4 模块,如图 3.25 所示。

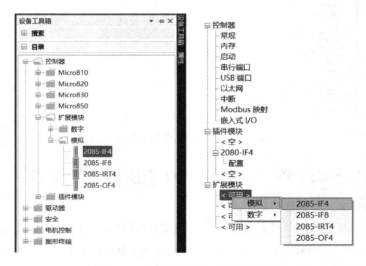

图 3.25 添加扩展 I/O 模块示意图

2)在下方菜单中直接选中 2085-IF4 模块,或者将扩展模块文件中的 2085-IF4 图标拖拽至中间工作区的 Micro850 控制器图片上,即可完成 2085-IF4 扩展 I/O 模块添加。在图片下方 2085-IF4 配置工作区内，可以对 2080-IF4 模块每个通道的启用状态、输入范围、数据格式、输入过滤器等参数进行组态，如图 3.26 所示。

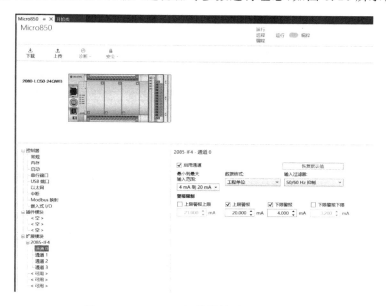

图 3.26 2085-IF4 插件模块的添加和组态

3）如果想变更或删除扩展 I/O 模块，右击中间工作区 Micro850 控制器上的扩展模块或右击下方菜单中扩展模块中的 2085-IF4 标志，即可在弹出的对话框中对已添加的扩展 I/O 模块进行变更或删除，如图 3.27 所示。

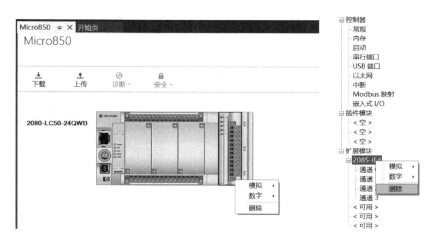

图 3.27 变更或删除扩展 I/O 模块

3.3 程序下载与调试

3.3.1 Micro850 控制器网络设置

HOTS 系统实验平台利用 EtherNet/IP 开放式网络实现上位机和 Micro850 控制器间的信息交互，因此，在进行程序下载与调试之前，需要对上位机和 Micro850 控制器的网络参数进行配置。

（1）硬件网络连接

开始设置 Micro850 控制器网络地址之前，首先要建立上位机和 Micro850 控制器之间的通信，可以使用一根网线直接连接上位机和 Micro850 控制器的网口。

（2）将上位机 IP 地址修改为"自动获得 IP 地址"

如图 3.28 所示"本地连接"→"Internet 协议版本 4（TCP/IPv4）属性"选项下，在"常规"菜单卡下选择"自动获得 IP 地址"选项，然后单击"确定"保存设置。

（3）BOOTP-DHCP Tool 软件下的地址设定

单击打开 Rockwell Software 文件夹中的 BOOTP-DHCP Tool 软件，如图 3.29 所示。

图 3.28　选择"自动获得 IP 地址"选项　　图 3.29　打开 BOOTP-DHCP Tool 软件

在 BOOTP-DHCP Tool 软件界面上方 Discovery History 窗口内的 Ethernet Address（MAC）选项下，找到与 Micro850 控制器相同的 MAC 地址（Micro850 控制器实物上所粘贴的标签有标注），如图 3.30 所示。

双击 Micro850 的 MAC 地址，在弹出的对话框内将 Micro850 控制器的 IP 地址

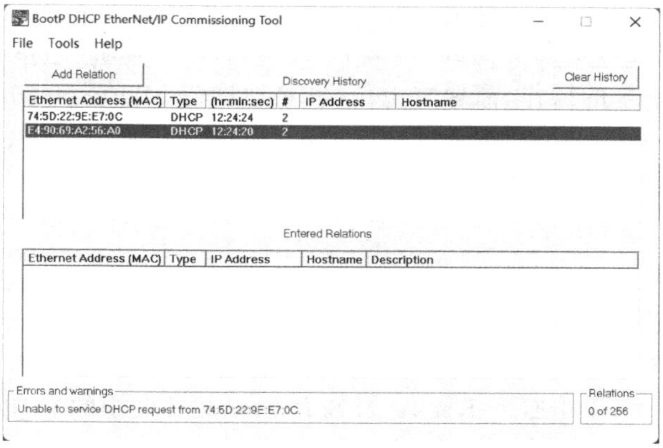

图 3.30　BOOTP-DHCP Tool 软件操作界面

设置为 192.168.1.2,如图 3.31 所示。

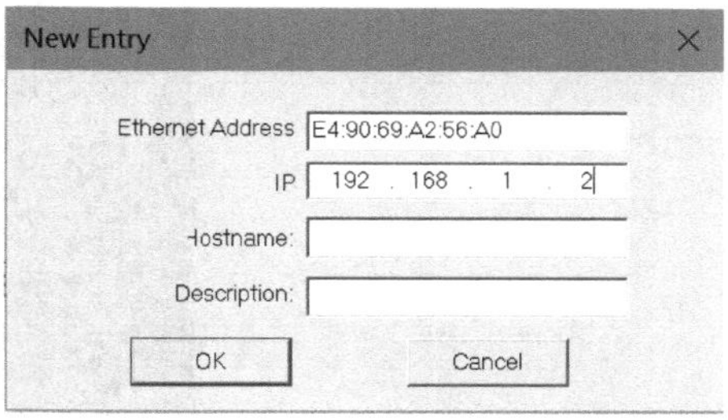

图 3.31　输入 Micro850 控制器的 IP 地址

单击"OK"按钮,返回 BOOTP-DHCP Tool 软件操作界面,待界面上方 Discovery History 窗口内 Micro850 MAC 地址所在列的 IP Address 上显示出刚刚所设置的 IP 后,表示 Micro850 已经成功获得了一个动态 IP,则可进行下一步操作。

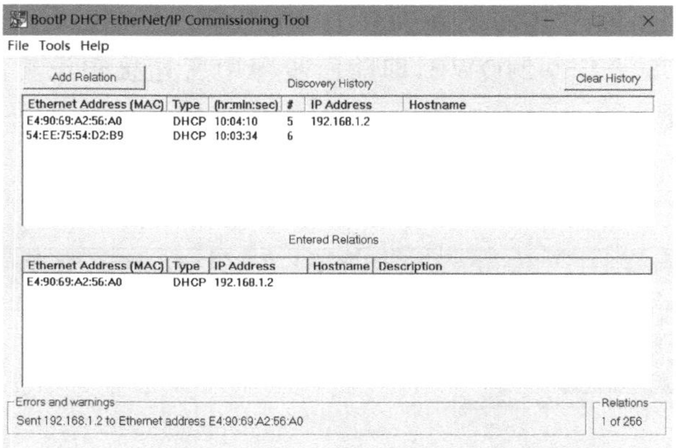

图 3.32　Micro850 获得动态 IP 后的 BOOTP-DHCP Tool 界面

（4）上位机网络设置

注意，以上设置都是在上位机 IP 属于"自动获得 IP 地址"的情况下完成的，为了能够有效执行接下来的操作，需要将上位机 IP 地址与 Micro850 的 IP 地址设置在同一 IP 段内。如图 3.33 所示"本地连接"→"Internet 协议版本 4（TCP/IPv4）属性"选项下，将"常规"菜单卡设置如下：

IP 地址：192.168.1.4；

子网掩码：255.255.255.0。

然后单击"确定"，完成上位机 IP 地址设置。

（5）RSLinx Classic 软件下的网络设定

如图 3.34 所示，单击打开 Rockwell Software 文件夹中的 RSLinx Classic 软件。

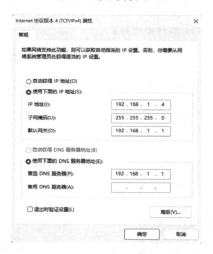

图 3.33　"本地连接"属性对话框　　　图 3.34　打开 RSLinx Classic 软件

单击 RSLinx Classic Lite 软件界面左上方的"RSWho"按钮，即可在下方的"AB_ETHIP-2，Ethernet"图标下查询到 IP 地址为 192.168.1.2 的 Micro850 控制器，且其型号为 2080-LC50-24QWB，即前面步骤中所连接和设置的 Micro850 控制器，如图 3.35 所示。

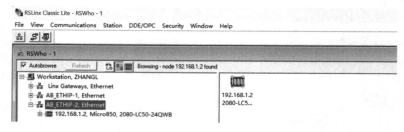

图 3.35　RSLinx Classic 软件操作界面

鼠标右击 192.168.1.2，Micro850 图标，选择菜单中的"Module Configuration"选项，进入 AB_ETHIP-2\192.168.1.2 2080-LC50-24QWB Configuration 界面，单击 Port Configuration 标签，进入端口配置界面，如图 3.36 所示。

图 3.36　进入 Port Configuration 端口配置界面

由于 BOOTP-DHCP Tool 软件为 Micro850 PLC 设置的 IP 地址为动态 IP，重新上电后将失效，因此，在 Port Configuration 端口配置界面内，须将"Network Configuration Type"修改为"Static"（静态）类型，如图 3.37 所示，设置完成后单击"确定"确认执行操作。

至此，Micro850 控制器的 IP 地址配置完成。

3.3.2　程序上传

打开 3.1.2 中所创建的项目，在项目管理器窗口中双击 Micro850 控制器图标，中间的工作区即显示出 Micro850 控制器的组态窗口。单击组态窗口右上角的连接按钮，在弹出的连接浏览器对话框中找到所要连接的 Micro850 控制器，显然连接浏览器对话框与 3.3.1 小节中所使用的 RSLinx Classic Lite 软件界面相同，单击选择 AB_ETHIP-2\192.168.1.2 2080-LC50-24QWB 图标，单击"确定"按钮进行选择，如图 3.38 所示。

图 3.37　将 IP 地址类型修改为"Static"　　　　**图 3.38　连接 Micro850 控制器**

如果 Micro850 控制器中存有的程序内容与编程计算机将要上传的程序内容不一致,CCW 会弹出下载/上传确认提示框,并提供如下两个操作选项。

(1)下载当前项目至控制器——用编程计算机中的程序覆盖控制器中的现有程序。

(2)上传控制器中的项目以覆盖当前项目内容——用控制器中的现有程序覆盖编程计算机中的程序。

可以根据实际需要选择相应的操作。由于本小节要执行程序的上传,因此,选择上传控制器中的项目以覆盖当前项目内容,如图 3.39 所示,上传完成后,工作区下方

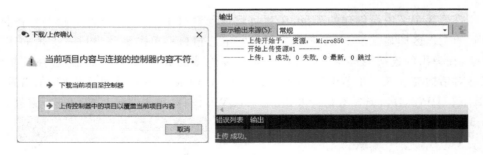

图 3.39　程序上传

的输出窗口中会弹出相关信息,提示上传成功。此时,在项目管理器窗口中可以看到Micro850 控制器上传项目的具体内容。

如果编程计算机和 Micro850 控制器事先已经在连接浏览器中建立好了通信,则只需单击中间工作区中的"上传"按钮,即可将控制器中的现有程序上传到 CCW 项目管理器现有工程当中,如图 3.40 所示。

图 3.40　中间工作区中的"上传"按钮

3.3.3　程序下载

在下载程序之前,须确认上位机和 Micro850 控制器已建立好网络通信。

此外需要注意的是,务必在中间工作区"控制器"→"以太网"选项下配置该项目Micro850 控制器的 IP 地址,如图 3.41 所示,由于下载新程序会移除 Micro850 控制器包括网络设置在内的原有信息,若不在本项目内配置 IP 地址和设置,会导致上位机断开与 Micro850 控制器的连接。

图 3.41　配置新建项目内 Micro850 控制器的 IP 地址

只需单击中间工作区中的下载按钮,即可将 CCW 项目管理器现有工程当中的程序下载到 Micro850 控制器当中,如图 3.42 所示。

图 3.42　中间工作区中的下载按钮

3.3.4　程序调试

对 CCW 项目管理器现有工程当中的程序进行调试,需要确定 Micro850 处于远程模式。图 3.43(a)所示为图 2.3 中的"11(模式开关)"实物,其中 RUN 表示"运行模式",REM 表示"远程模式",PRG 表示"编程模式",显然图 3.43(a)中将开关拨动至中间,控制器即处于远程模式。CCW 工作区上方对应显示"远程",如图 3.43(b)所示。

(a)

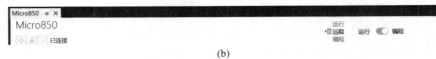

(b)

图 3.43　Micro850 模式开关

下面将以图 3.44 中所示的程序为例,介绍如何对 CCW 项目管理器现有工程当中的程序进行调试。

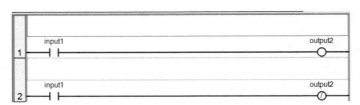

图 3.44　调试演示例程

在调试程序之前,需要将 Micro850 的模式开关拨至 REM(远程模式),并将图 3.44 中的例程编译并下载到 Micro850 控制器当中。下载完成后,梯形图程序窗口内的元件颜色即发生变化,其中 BOOL 型变量为 False 时,元件颜色显示为蓝色;BOOL 型变量为 True 时,元件颜色显示为红色,如图 3.45 所示。

单击选择梯形图程序窗口内的元件 input1,同时键盘按下"Ctrl+T"即可将其 BOOL 状态由 False 更改为 True,此时元件 output1 响应 input1 的状态变化,BOOL 状态由 False 更改为 True;元件 output2 响应 input1 的状态变化,BOOL 状态由 True 更改为 False,如图 3.46 所示。

再次同时按下"Ctrl+T",即可将 input1 的 BOOL 状态由 True 更改为 False,

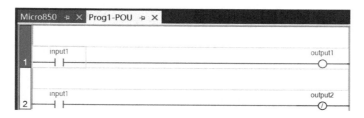

图 3.45 下载完成后的演示例程

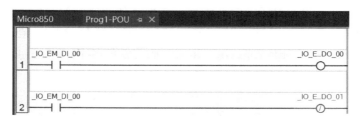

图 3.46 状态变换后的演示例程

output1 和 output2 也会随之改变状态。显然,程序调试过程可以在不使用 Micro850 以外硬件设备的情况下,对所设计的程序逻辑进行有效验证。逻辑验证通过后,即可将梯形图程序内的元件所对应的全局变量更改为 Micro850 实际硬件接口,如图 3.47 所示,并将其下载到 Micro850 控制器内,在 HOTS 系统内进行实物运行。

图 3.47 与 Micro850 硬件接口对应的演示例程

3.4 程序导入与导出

当多个项目需要使用相同的功能时,为了避免重复工作,编辑人员可以把现有的程序从项目中导出,然后再导入其他的项目中。下面介绍导入和导出程序的方法。

3.4.1 CCW 程序导出

在项目组织器窗口中,选择已经建立的程序,鼠标右击选择"导出",如图 3.48 所示。

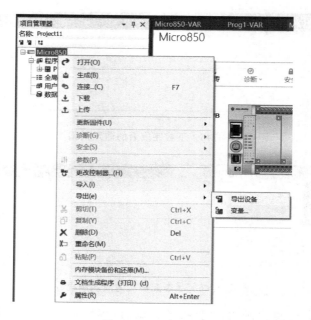

图 3.48 导出设备

选择"导出设备"后,可以选择只导出变量,也可以选择全部导出,还可以对导出交换文件加密。此处选择全部导出,并对文件加密。然后单击导入导出对话框下方的"导出"按钮,在弹出的对话框中可以改变导出文件的路径和名字。此处把导出文件保存到桌面,并命名为(Controller. Micro850)。导出文件成功后,会在软件工作区的输出窗口中提示导出完成,并显示导出文件的位置和名字,如图 3.49 所示。

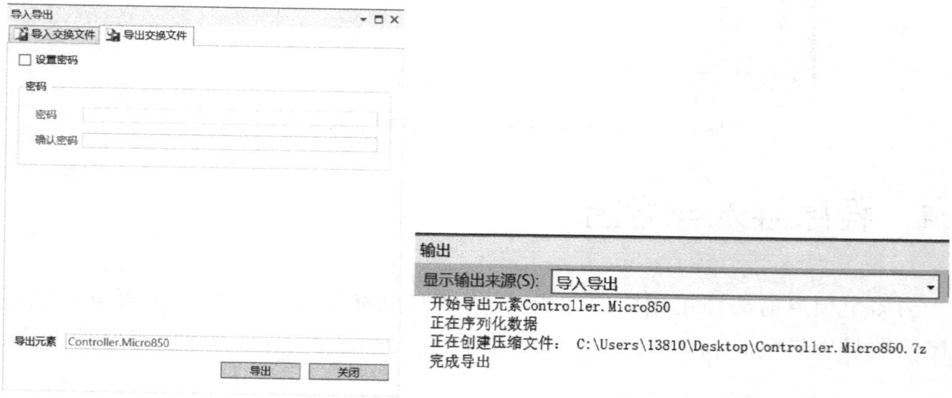

图 3.49 导出程序窗口

3.4.2　CCW 程序导入

　　下面把 3.4.1 小节中从 Project11 导出的程序导入一个新的项目中。首先新建一个项目 Project11_1,在程序图标处右击鼠标,选择"导入"选项,在弹出的菜单中选择"导入交换文件"选项,如图 3.50 所示。

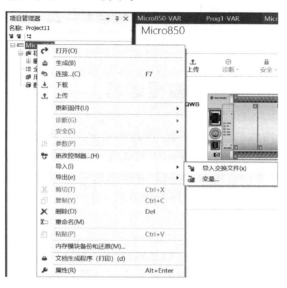

图 3.50　导入交换文件

　　可以只导入主程序或者只导入功能块程序,也可以全部导入,单击浏览按钮,选择要导入的文件,选择"打开"。然后单击导入导出窗口下方的"导入"按钮,就可以导入文件。如果在导出文件的时候对文件设定了密码,在单击"浏览"按钮选择要导入的文件时则需要输入文件密码,将密码输入窗口后,选择要导入的文件,单击"导入",即可开始导入文件。在文件导入完成后,工作区的输出区域会显示信息,提示用户导入文件完成。程序导入完成,可以看到新项目中已经包含导入的程序,如图 3.51 所示。

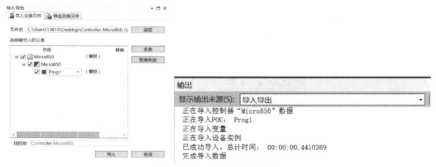

图 3.51　导入程序窗口

第 **4** 章

Micro850 控制器的编程指令

4.1　Micro850 控制器编程语言

通常 PLC 不采用微机的编程语言,而是采用面向控制过程和实际问题的自然语言编程,包括梯形图、逻辑功能图、布尔代数式等。Micro850 控制器支持三种编程方式,即梯形图、功能块和结构化文本编程,其最大的特点就是每种编程方式都支持功能块化的编程。下面分别介绍这三种编程方式。

4.1.1　梯形图

梯形图一般由多个不同的梯级(RUNG)组成,每一梯级又由输入指令及输出指令组成。在一个梯级中,输出指令应出现在梯级的最右边,而输入指令则出现在输出指令的最左边,如图 4.1 所示。

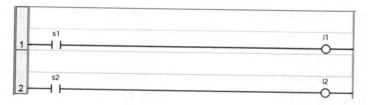

图 4.1　梯形图

梯形图表达式是从原电路控制系统中常用的接触器、继电路梯形图基础上演变而来的。它沿用了继电器梯形图中触点、线圈、串联等术语和图形符号,并增加了一些继电器梯形图接触控制没有的符号。梯形图形象、直观,对于熟悉继电器方式的人来说非常容易接受,而不需要他们学习更深的计算机知识。这是最为广泛应用的编程方式,适用于顺序逻辑控制、定时、技术控制等。

编程前首先应对硬件进行组态,系统的硬件组态完成以后就可以编程了。首先要创建一个新程序,在项目组织器窗口中右击控制图标,选择添加一个新的梯形图程序。创建的程序将完成以下功能:有 l1 和 l2 两盏灯,第一盏灯亮 2 s 以后,熄灭第一盏灯,点亮第二盏灯。首先要创建编写程序所需要的变量,包括 s1、l1、l2 和计时器

t1。程序中用到的变量可以是全局变量,也可以是局部变量;若想在项目组织器窗口中打开局部变量或者全局变量,只要双击其图标即可。本书此处采用局部变量,打开局部变量(Local Variables)列表,建立编程所需要的变量,如图 4.2 所示。

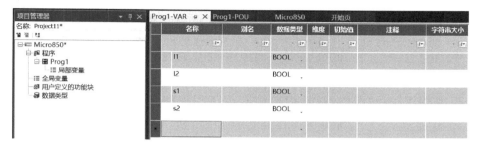

图 4.2　局部变量

在项目组织器窗口中双击程序图标打开编程窗口,在工具栏中添加或拖拽所需要的指令到编程梯级。添加好常开指令后,会自动弹出变量列表,编程人员可以直接选择需要的变量,如图 4.3 所示。此处选择表示启动按钮的 s1。然后以同样的方法完成第一个梯级。

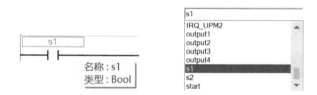

图 4.3　指令变量选择

一个新的梯级添加完成后,开始编写第二个梯级。在第二个梯级中需要用到计时器,创建计时器时选择功能块指令,把功能块拖拽到梯级上以后自动弹出选择功能块的对话框,选择 TON 功能块,选择完成后,计时器 t1 创建完成。为计数器定时2 s,双击计数器的 PT 输入处,输入 t♯2s 即可。熄灭第一盏灯,同时点亮第二盏灯,则梯级需要一个分支,从工具栏中拖拽梯级分支到计数器后面的梯级上,然后添加复位线圈和置位线圈。编好的梯级如图 4.4 所示。

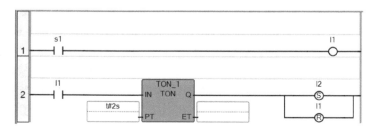

图 4.4　两盏灯的控制梯形图

通过以上步骤完成了梯形图程序的编写,右击程序图标,在弹出的级联菜单中选择"生成",如图 4.5 所示,对程序进行编译,编译无误则提示编译完成。

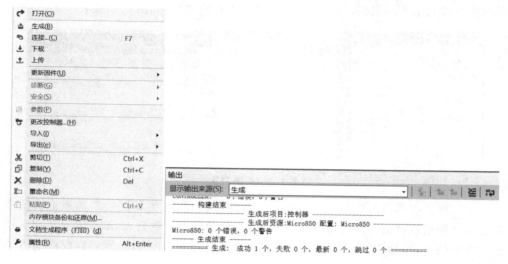

图 4.5　梯形图程序编译界面

4.1.2　功能块

(1) 功能块简介

在 Micro850 控制器中可以用功能块编程语言编写一个控制系统中输入和输出之间控制关系的图标。用户也可以使用现有的功能块组合,编辑成需要的用户自定义功能块。每个功能块都有固定的输入连接点和输出连接点,输入和输出都有固定的数据类型规定。输入点一般在功能块的左侧,输出点在右侧。

在功能块中同样可以使用梯形图编程语言中的元素,如线圈、连接开关按钮、跳转、标签和返回等。与梯形图编程语言不同的是,功能块编程对所使用元素的放置位置没有过多限制,不同于梯形图中对每个元素有严格规定的位置。功能块编程语言同样支持使用功能块操作,如操作指令、函数等大类功能块以及用户自定义的功能块等(只在 CCW 中)。

在进行功能块编程时,可以从工具箱拖拽功能块元素到编程框里并进行编辑。输入变量和输出变量与功能块的输入和输出用连接线连接。信号连接线可以连接如下几类逻辑点:输入变量和功能块的输入点;功能块的输出和另一功能块的输入点;功能块的输出和输出变量。连接的方向表示连接线带着得到的数据从左边传送到右边。连接线的左右两边必须有相同的数据类型。功能块右边连接分支也叫作分支结构,可以用于左边扩展信息至右边。再次强调,要注意数据类型的一致性。

（2）功能块执行顺序

在语言编辑器可以显示程序包含的任意执行顺序（以数字形式）。功能块可以显示执行顺序的元素包括线圈、触点、LD 垂直连接、角、返回、跳转、函数、运算符、功能块实例（已声明或未声明）、变量（程序中将值分配到的地方）。当无法确定顺序时，标记显示问号（??）。要显示执行顺序，可以执行任何一种操作，按 Ctrl＋W。可在工具菜单中选择执行顺序。

在程序执行期间，指令块是功能块图中的任意元素，网络是连接在一起的一组指令块，指令块的位置是依据其左上角而定的。功能块程序执行顺序的适用规则是：网络从左向右、自上而下执行。在执行指令块前，必须解析所有输入。同时解析两个或两个以上指令块的输入时，执行决定是根据指令块的位置做出的（从左向右、自上而下）。指令块的输出按从左向右、自上而下的顺序以递归方式执行。

（3）调试功能块

调试功能块程序时，需要在语言编程器中监视元素的输出值。这些值通过颜色、数字或文本值的形式加以显示，具体取决于它们的数据类型。BOOL 数据类型的输出值使用颜色进行显示：值为"真"时，默认颜色为红色；值为"假"时，默认颜色为蓝色。输出值的颜色将成为下一输入。输出值不可用时，BOOL 元素为黑色。

注意：可以在"选项"窗口中自定义用于布尔项的颜色。SINT、USINT、BYTE、INT、UINT、WORD、DINT、UDINT、DWORD、LINT、UINT、LWORD、REAL、LREAL、TLME、DATE 和 STRING 数据类型的输出值在元素中显示为数字或本值。当数字或文本值的输出值不可用时，在输出标签中会显示问号（??），值还会显示在对应的变量编辑器实例中。

4.1.3　结构化文本

结构化文本（ST）类似于 BASIC 语言，利用它可以很方便地建立、编辑和实现复杂的算法，特别是在数据处理、计算存储、决策判断、优化算法等涉及描述多种数据类型变量的应用中非常有效。

（1）结构化文本的主要语法

结构化文本程序是一系列结构化文本语句，规则如下：

1）每个语句以分号（;）分隔符结束。

2）源代码（例如变量、标识符、常量或语言关键字）中使用的名称用不活动分隔符（例如空格字符）分隔，或者用意义明确的活动分隔符（例如">"分隔符表示"大于"比较）分隔。

3）注释（非执行信息）可以放在 ST 程序中的任何位置。注释可以扩展到多行，但是必须以"（＊"开头，以"＊）"结尾。需要注意的是，不能在注释中使用注释。

基本结构化文本语句类型包括：

➢ 赋值语句（变量：＝表达式;）;

> 函数调用；
> 功能块调用；
> 选择语句（例如 IF、THEN、ELSE、CASE…）；
> 迭代语句（例如 FOR、WHILE、REPRAT…）；
> 用于与其他语言连接的特殊语言。

当输入结构化文本语法时，下列项目以指定的颜色显示：

> 基本代码（黑色）；
> 关键字（粉色）；
> 数字和文本字符串（灰色）；
> 注释（绿色）。

在活动分隔符、文本和标识符之间使用不活动分隔符，可提高 ST 程序的可读性。ST 不活动分隔符包括：

> 空格；
> Tab；
> 行结束符（可以放在程序中的任意位置）。

使用不活动分隔符时需要遵循以下规则：

> 每行编写的语句不能多于一条；
> 使用 Tab 来缩进复杂语句；
> 插入注释以提高行或段落的可读性。

（2）表达式和括号

结构化文本表达式由运算符及其操作数组成。操作数可以是常量（文本）值、控制变量或另一个表达式（或子表达式）。对于每个单一表达式（将操作数与一个结构化文本运算符合并），操作数类型必须匹配。此单一表达式具有与其操作数相同的数据类型，可以用在更复杂的表达式中。

示例：

(boo_varl AND boo_var2)	BOOL 类型
Not(boo_varl)	BOOL 类型
(sin(3.14)＋0.72)	REAL 类型
(t♯1s23＋1.78)	无表达式

括号用于隔离表达式的子组件以及对运算的优先级做明确排序。如果没有为复杂表达式加上括号，则由结构化文本运算符之间的默认优先级来隐式确定运算顺序。

示例：

2＋3＊6	相当于 2＋18＝20，乘法运算具有比较高优先级
(2＋3)＊6	相当于 5×6＝30，括号给定了优先级

（3）调用函数和功能块

结构化文本编程语言可以调用函数，并且可以在任何表达式中使用函数调用。

函数调用包含的属性如表 4.1 所列。

表 4.1　函数调用属性

属　性	说　明
名称	被调用函数的名称以 IEC61131-3 语言/C 语言编程
含义	调用结构化文本、梯形图或功能块图函数或 C 函数,并获取其返回值
语法	:=(,…);
操作数	返回值的类型和调用参数必须符合为函数定义的接口
返回值	函数返回值

当在函数主体中设置返回参数的值时,可以为返回参数赋予与该函数相同的名称。

1)示例 1:IEC61131-3 函数调用。

(＊主结构化文本程序＊)
(＊获取一个整型值并将其转换成有限时间值＊)
ana_timeprog: = SPlimit(tprog_cmd);
appl_timer: = ANY_TO_TIME(ana_timeprog ＊ 100);
(＊被调用的 FBD 函数名为 "SPlimit" ＊)

2)示例 2:C 函数调用,与 IEC61131-3 函数调用的语法相同。

(＊复杂表达式中使用的函数:min、max、right、mlen 和 left 是标准 C 函数＊)
limited_value: = min(16,max(0,input_value));
rol_msg: = right(message,mlen(message)－1)+left(message,1);

结构化文本编程语言调用功能块可以在任何表达式中使用。功能块调用属性如表 4.2 所列。

表 4.2　功能块调用属性

属　性	说　明
名称	功能块实例的名称
含义	从标准库中(或从用户定义的库中)调用功能块,访问其返回参数
语法	(＊功能块的调用＊) … (＊获取其返回参数＊) ;＝.; … :＝.;
操作数	参数是与该功能块指定的参数类型相匹配的表达式
返回值	参见上方的语法以获取返回值

当在功能块的主体中返回参数值时,可以通过将返回参数的名称与功能块名称相连来分配返回参数:

FunctionBlockName.OutputParaName:= ;

示例:

(＊调用功能块的 ST 程序＊)
(＊在变量编程器中声明块的实例:＊)
(＊trigb1:块 R_TRIG 上升沿检测＊)
(＊从 ST 语言激活功能块＊)
Trigb(b1)
(＊返回参数访问＊)
If(trigb1.Q)Then nb_edge:= nb_edge + 1; End_if;

4.2 Micro850 控制器内存组织

Micro850 控制器的内存可以分为两大部分,即数据文件和程序文件。本节将分别介绍这两部分内容。

4.2.1 数据文件

Micro850 控制器的变量分为全局变量和本地变量,其中 I/O 变量默认为全局变量。全局变量在项目的任何一个程序或功能块中都可以使用,而本地变量只能在其所在程序中使用。不同类型控制器 I/O 变量的名字是固定的,但是可以对 I/O 变量设置别名。除了 I/O 变量以外,为满足编程需要,还要建立一些中间变量,用户可以自己选择变量的类型,常用的变量类型如表 4.3 所列。

表 4.3　常用中间变量类型

数据类型	描　述	数据类型	描　述
BOOL	布尔量	LINT	长整型
SINT	单整型	ULINT、LWORD	无符号长整型
USINT、BYTE	无符号单整型	REAL	实型
INT、WORD	整型	LREAL	长实型
UINT	无符号整型	TIME	时间
DINT、DWORD	双整型	DATE	日期
UDINT	无符号双整型	STRING	字符串

在项目组织器中,还可以建立新的数据类型,用于在变量编程中定义数组和字,这种方式便于定义大量相同类型的变量。变量的命名有如下规则:

（1）名称不能超过 128 个字符；

（2）首字符必须为字母；

（3）后续字符可以为字母、数字或者下划线字符。

数组也常常应用于编程中。要建立数组，首先要在 CCW 编程软件的项目组织器窗口中找到数据类型，双击打开后建立一个数组的类型。建立数组类型的名称为 a，数据类型为布尔量，建立一维数组，数据个数为 10（维度一栏写 1..10），如图 4.6 所示。同理，建立二维数组类型时，维度一栏写 1..10,10。

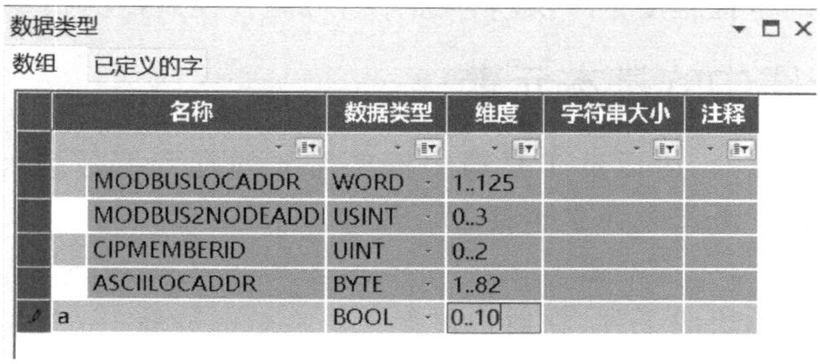

图 4.6　定义数组的数据类型

打开全局变量列表，建立名称为 ttt 的数组，数据类型选择 a，如图 4.7 所示。

图 4.7　建立数据

4.2.2　程序文件

控制器的程序文件分为两部分内容，即程序（Program）部分（相当于通常的主程序部分）和功能块（Function Block）部分，本小节所指功能块除了系统自身的函数和功能块指令以外，主要是指用户根据功能需要，用梯形图语言编写的具有一定功能的功能块，可以在 Program 或者 Function Block 中调用，相当于常用的子程序。

一个项目中可以有多个 Program 和多个 Function Block 程序。多个程序（Program）可以在一个控制器中同时运作，但执行顺序由编程人员设定。设定程序（Program）的执行顺序时，在项目组织器中右击程序图标，选择"属性"，打开程序（Program）属性对话框，在 Order 后面写下要执行的顺序，1 为第一个执行，2 为第二个执行，例如，一个项目中有 8 个程序（Program），可以把第八个程序（Program）设定为第一个执行，其他程序（Program）会在原来执行的顺序基础上，依此后推，原来排在第一个执行的程序(Program)将自动变为第二个执行。

4.3　Micro850 控制器的指令集

　　罗克韦尔自动化公司的可编程控制器编程指令非常丰富,不同系列的可编程序控制器所支持的指令稍有差异,但基本指令是共有的。对于编程指令的理解程度将直接关系到用户的工作效率。可以这样认为,对编程指令的理解直接决定了用户对可编程序控制器的掌握程度。下文将详细介绍可编程控制器的指令类型。

4.3.1　梯形图中的基本元素

　　编程梯形图程序时,可以从工具箱中拖曳需要的指令符号到编辑窗口中使用。可以添加使用的梯形图指令元素包括以下几种。

　　(1)梯　级

　　梯级是梯形图的组成元件,它通常包含一个左电源导轨、一个右电源导轨和激活线圈的一组回路元件。梯级在梯形图中可以有标签,从而来确定它们在梯形图中的位置。标签和跳转指令配合使用,控制梯形图的执行,插入梯级操作如图4.8所示。

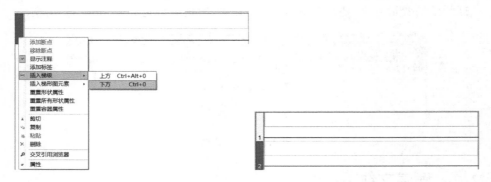

图 4.8　插入梯形图梯级操作示意图

　　(2)分　支

　　分支指令可以在不增加梯级数量的前提下,在原来的梯级上添加一个并联的分支元件,如图4.9所示。

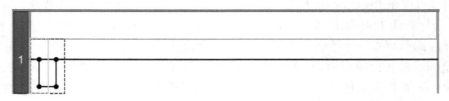

图 4.9　插入分支示意图

（3）线　圈

线圈是梯形图的重要组成元件，代表输出或者内部变量的赋值，一个线圈代表一个动作。线圈的左侧连接必须与布尔量（如接触器或指令块的布尔输出）相连。线圈又分为以下六种类型。

1）直接线圈：直接线圈用于输出其左侧连接的布尔状态，关联变量的布尔状态被赋予左侧连接，左侧连接的状态将直接传播至右侧连接。右侧连接必须与右侧垂直电源导轨相连（除非采用的是并联线圈，这种情况下仅上方的线圈必须与右侧垂直电源导轨相连）。

如图 4.10 所示，假设 Input1 将布尔输出的 True 赋予 Output1 的左侧连接，Output1 直接将 True 传播至 Output1 的右侧连接。

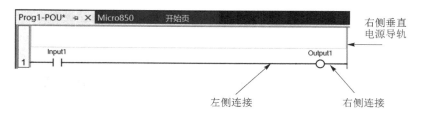

图 4.10　直接线圈连接示意图

2）反向线圈：左侧连接的反状态被传送到右侧连接上，同样，右侧连接必须连接到垂直电源轨上，除非是平行线圈。

如图 4.11 所示，假设 Input1 将布尔输出的 True 赋予反向线圈 Output1 的左侧连接，反向线圈 Output1 会将 False 传播至 Output1 的右侧连接。

图 4.11　反向线圈连接示意图

3）脉冲上升沿的线圈：当左侧连接的布尔状态由 False 变为 True 时，右侧连接输出为 True，其他情况下输出为 False，如图 4.12 所示。

图 4.12　脉冲上升沿线圈

4）脉冲下降沿的线圈：当左侧连接的布尔状态由 True 变为 False 时，右侧连接输出为 True,其他情况下输出为 False,如图 4.13 所示。

图 4.13　脉冲下降沿的线圈

5）设置线圈:当左侧连接的布尔状态变为 True 时,输出变量将被置为 True。该输出变量将一直保持该状态,直到复位线圈发出复位命令。

6）复位线圈:当左侧连接的布尔状态变为 True 时,输出变量将被置为 False。该输出变量将一直保持该状态,直到置位线圈发出置位命令。

如图 4.14 所示,假设 Input1 将 True 赋予 Output1 的设置线圈,Output1 的输出将会被置为 True,并一直保持为 True。直到 Input2 将 True 赋予 Output1 的复位线圈,Output1 的输出将会被置为 False,并一直保持为 False。

图 4.14　设置线圈和复位线圈

（4）接触器

接触器在梯形图中代表一个输入的值或是一个内部变量,通常相当于一个开关或按钮的作用,有以下三种连接类型。

1）直接接触器:接触器左侧连接的输入状态和该接触器的状态取逻辑与,即为接触器右侧连接的输出状态值。

如图 4.15 所示,假设直接接触器左侧连接的输入状态为 True,则当直接接触器 Input1 为 True 时,接触器右侧输出状态为 True;当直接接触器 Input1 为 False 时,接触器右侧输出状态为 False。

图 4.15　直接接触器

2）反向接触器:接触器左侧连接的输入状态和该接触器的反状态取逻辑与,即为接触器右侧连接的输出状态。

如图 4.16 所示，假设直接接触器左侧连接的输入状态为 True，则当直接接触器 Input1 为 True 时，接触器右侧输出状态为 False；当直接接触器 Input1 为 False 时，接触器右侧输出状态为 True。

图 4.16　反向接触器

3）上升沿接触器：如果接触器左侧连接的输入状态为 True，当该上升沿接触器代表的变量状态由 False 变为 True 时，右侧连接的输出状态将被置为 True，这个状态在其他条件下将会被复位为 False，即其输出状态无法保持，如图 4.17 所示。

图 4.17　上升沿接触器

下降沿接触器：如果接触器左侧连接的输入状态为 True，当该下降沿接触器代表的变量状态由 True 变为 False 时，右侧连接的输出状态将被置为 True，这个状态在其他条件下将会被复位为 False，同样其输出状态无法保持，如图 4.18 所示。

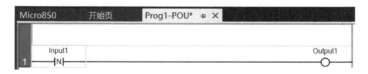

图 4.18　下降沿接触器

（5）指令块

指令块可以是位操作指令块、函数指令块或功能指令块。在梯形图编辑中，可以添加指令块到布尔梯级中。添加到梯级后可以随时在指令块选择器菜单中设置指令块的类型，随后，相关参数将会自动陈列出来。

在使用指令块时，请牢记以下两点：第一，当将一个指令块添加到梯形图中后，EN 和 ENO 参数将会被添加到某些指令块的接口列表中。第二，当指令块是单布尔变量输入、单布尔变量输出或是无布尔变量输入、无布尔变量输出时，可以强制 EN 和 ENO 参数。可以在梯形图操作中激活允许 EN 和 ENO 参数。

从工具箱中拖出指令块并放到梯形图的梯级中后，将会弹出指令块选择器菜单，为了缩小指令块的选择范围，可以使用分类或者过滤指令块列表，或者使用快捷键。

EN 输入：一些指令块的第一输入不是布尔数据类型，由于第一输入总是连接到梯级上的，所以，在这种情况下，另一种名为 EN 的输入会自动添加到第一输入的位置，仅当 EN 输入为 True 时，指令块才执行。如图 4.19 所示的比较指令块，由于执行比较操作的两个数据不是布尔类型，因此，将 EN 作为第一输入连接到梯级上，由于只有当 EN 输入为 True 时才会执行比较操作，所以，在设计梯形图程序时，要注意配置该类型指令块的使能条件和时序。

ENO 输出：由于指令块的第一输出总是连接到梯级上的，所以，对于第一输出不是布尔型输出的指令块，另一种被称为 ENO 的输出自动添加到了第一输出的位置，且 ENO 输出的状态总是与该指令块的第一输入状态一致。如图 4.20 所示的平均指令块，由于平均值模块的输出数据不是布尔类型，因此，将 ENO 作为第一输出连接到梯级上。

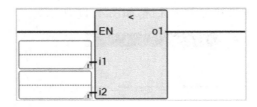

图 4.19　比较指令块　　　　　　　图 4.20　平均指令块

EN 和 ENO 参数：在一些指令块中，EN 输入和 ENO 输出都需要有。图 4.21 所示为加法指令块。

功能块使能参数：在指令块都需要执行的情况下，需要添加使能参数，图 4.22 所示为程序控制指令块。

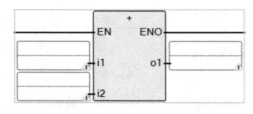

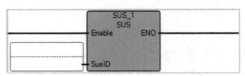

图 4.21　加法指令块　　　　　　　图 4.22　程序控制指令块

（6）返　　回

返回指令表示梯形图程序有条件地结束输出，因此，返回指令的右侧不再添加其他指令元素。如图 4.23 所示，当返回指令左侧的反向接触器输出状态为 True 时，梯形图将不再执行返回指令下方梯级中的程序，所以，可以把图 4.23 中带有返回指令的梯形图当作一个函数来使用。

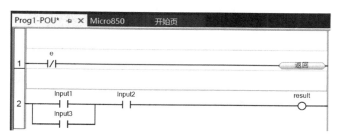

图 4.23　返回指令例程

（7）跳　转

使用跳转指令前,首先要定义程序跳转到的位置,即标签位置。如图 4.24(a)所示,右击所要添加标签的梯级,在下拉菜单中选择"添加标签",并在梯级新增的标签栏中输入标签名称,如图 4.24(b)所示。

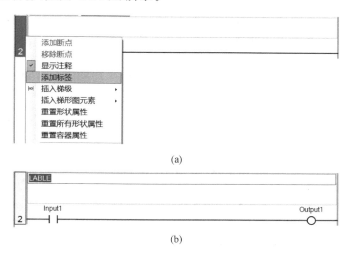

(a)

(b)

图 4.24　添加梯级标签

添加梯级标签后,即可利用条件和非条件跳转控制梯形图程序的执行。如图 4.25 所示,跳转指令的右侧不能再添加其他指令元素,当跳转指令左侧指令块输

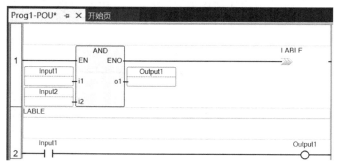

图 4.25　跳转指令例程

出的布尔状态为 True 时,跳转执行,程序跳转至相应标签处。

4.3.2　布尔操作功能块

布尔操作类功能块主要分为四种,分类情况及各类别的用途描述如表 4.4 所列。

表 4.4　布尔操作功能块用途

功能块	描　述
F_TRIG(下降沿检测)	下降沿侦测,下降沿时为 True
RS(复位主导双稳态触发)	重置优先
R_TRIG(上升沿检测)	上升沿侦测,上升沿时为 True
SR(设置主导双稳态触发)	设置优先

下面详细说明如何使用下降沿检测以及复位主导双稳态触发功能块,上升沿检测和设置主导双稳态触发功能块的使用与其类似。

（1）下降沿检测(F_TRIG)

下降沿检测功能块如图 4.26 所示,该功能块用于检测布尔变量的下降沿,并依据检测结果设置下一个循环的输出,其参数列表如表 4.5 所列。

图 4.26　下降沿检测功能块

表 4.5　下降沿检测功能块参数列表

参　数	参数类型	数据类型	描　述
CLK	Input	BOOL	任意布尔量
Q	Output	BOOL	当 CLK 从 True 变为 False 时,输出为 True,其他情况为 False

（2）复位主导双稳态触发(RS)

复位主导双稳态触发功能块如图 4.27 所示,该功能块属于复位优先,其参数列表如表 4.6 所列。

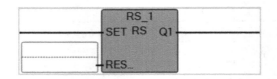

图 4.27　复位主导双稳态触发功能块

表 4.6　复位主导双稳态触发功能块参数列表

参　数	参数类型	数据类型	描　述
SET	Input	BOOL	如果为 True,则置 Q1 为 True
RESET1	Input	BOOL	如果为 True,则置 Q1 为 False(优先)
Q1	Output	BOOL	存储的布尔状态

复位主导双稳态触发示例如表 4.7 所列。

表 4.7　复位主导双稳态触发功能块示例表

SET	RESET1	Q1 初值	Q1 终值
0	0	0	0
0	0	1	1
0	1	0	0
0	1	1	0
1	0	0	1
1	0	1	1
1	1	0	0
1	1	1	0

由表 4.7 可见,在复位主导双稳态触发功能块中,RESET1 优先级最高,不论 SET 和 Q1 的输入和初始值为何值,当 RESET1 输入为 1(True)时,Q1 的终值都为 0(False)。当 RESET1 输入为 0 时,若 SET 输入为 0,则 Q1 终值＝Q1 初值;若 SET 输入为 1,则 Q1 终值＝1。

4.3.3　计时器功能块

计时器类功能块指令主要有四种,分类情况及各类别的主要用途描述如表 4.8 所列。

表 4.8　计时器功能块指令用途

功能块	描　述
TOF(关闭延迟计时)	延时断计时
TON(打开延迟计时)	延时通计时
TONOFF(延迟打开延时关闭)	输出为真的梯级中延时打开,在输出为假的梯级中延时关闭
TP(脉冲计时)	脉冲计时

(1) 关闭延迟计时(TOF)

关闭延迟计时功能块的作用是将内部计时器增加至指定编程时间。其功能块如图 4.28 所示,参数如表 4.9 所列,时序图如图 4.29 所示。

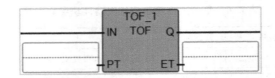

图 4.28　关闭延迟计时功能块

表 4.9　关闭延迟计时功能块参数列表

参数	参数类型	数据类型	描述
IN	Input	BOOL	下降沿时,内部计时器开始计时;上升沿时,内部计时器停止且复位
PT	Input	TIME	最大编程时间,见 Time 数据类型
Q	Output	BOOL	编程时间没有消耗完时输出 True
ET	Output	TIME	已消耗时间,范围:0 ms～1 193 h 2 m 47 s 294 ms

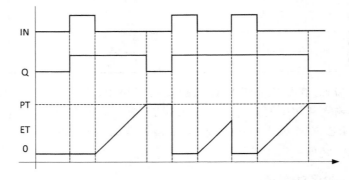

图 4.29　关闭延迟计时功能块时序图

　　由关闭延迟计时功能块时序图可见,参数 IN 的下降沿会触发功能块内部计时器开始工作,当计时器未达到参数 PT 预置的最大编程时间时,如果参数 IN 又有下降沿,计时器将会重新开始计时。参数 ET 表示的是已消耗的时间,即从计时开始到目前为止内部计时器统计的时间,可以看出,ET 的取值范围是 0～参数 PT 预置值。若参数 Q 的初始状态为 False,表示上次计时已完成,则当参数 IN 为上升沿时,Q 从 False 变化为 True;若参数 Q 的初始状态为 True,表示上次计时未完成,则当参数 IN 为上升沿时,Q 依然保持为 True。直到计时器完成计时,Q 才恢复为 False 状态。

　　(2) 打开延迟计时(TON)

　　与关闭延迟计时功能块不同,打开延迟计时功能块在检测到参数 IN 出现上升沿时,启动内部计时器;当编程时间消耗完时,参数 Q 输出 True。打开延迟计时功能块如图 4.30 所示,其参数如表 4.10 所列,时序图如图 4.31 所示。

图 4.30　打开延迟计时功能块

表 4.10　打开延迟计时功能块参数列表

参　数	参数类型	数据类型	描　　述
IN	Input	BOOL	上升沿时,内部计时器开始计时;下降沿时,内部计时器停止且复位
PT	Input	TIME	最大编程时间,见 Time 数据类型
Q	Output	BOOL	编程时间消耗完时输出 True
ET	Output	TIME	已消耗时间,范围:0 ms～1 193 h 2 m 47 s 294 ms

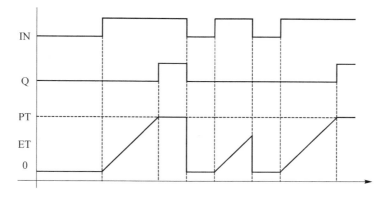

图 4.31　打开延迟计时功能块时序图

　　由打开延迟计时功能块时序图可见,参数 IN 的上升沿会启动功能块内部计时器,参数 IN 的下降沿会复位内部计时器。参数 ET 表示的是已消耗的时间,即从计时开始到目前为止内部计时器统计的时间,可以看出,ET 的取值范围是 0～参数 PT 预置值。若参数 Q 的初始状态为 False,表示上次计时未达到 PT 预置值,当参数 IN 为上升沿时,计时器开始计时,直到计时器达到 PT 预置值,Q 从 False 变化为 True;当参数 IN 为下降沿时,Q 会恢复为 False 状态。

　　需要注意的是,不要使用跳转指令跳过梯形图中的打开延迟计时功能块,因为执行跳转指令并不能停止打开延迟计时功能块中的内部计时器,延迟时间之后还会继续执行打开延迟计时功能块后续的程序。

　　(3) 延迟打开延迟关闭(TONOFF)

　　延迟打开延迟关闭功能块(如图 4.32 所示)用于在输出为真的梯级中延迟通,在为假的梯级中延时断开,其参数如表 4.11 所列。

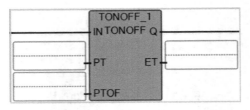

图 4.32　延迟打开延迟关闭功能块

表 4.11　延迟打开延迟关闭功能块参数列表

参　数	参数类型	数据类型	描　　述
IN	Input	BOOL	检测到 IN 上升沿： • 启动延迟打开计时器(PT)； • 如果程序设定的延迟关闭时间(PTOF)没有消耗完毕，则重新启动延迟打开计时器(PT)。 检测到 IN 下降沿： • 如果程序设定的延迟打开时间(PT)没有消耗完毕，则停止延迟打开计时器(PT)并复位 ET； • 如果程序设定的延迟打开时间(PT)已消耗完毕，则启动延迟关闭计时器(PTOF)
PT	Input	TIME	使用时间数据类型定义延迟打开时间设置
PTOF	Input	TIME	使用时间数据类型定义延迟关闭时间设置
Q	Output	BOOL	延迟打开时间消耗完，且延迟关闭时间没有消耗完时为 True
ET	Output	TIME	已消耗时间，范围：0 ms～1 193 h 2 m 47 s 294 ms。 • 如果延迟打开时间消耗完毕且延迟关闭计时器未启动，已消耗时间(ET)保持在延迟打开时间设置值(PT)。 • 如果延迟关闭时间消耗完毕且延迟打开计时器未启动，则消耗时间(ET)保持与延迟关闭时间设置值(PTOF)一致，直到上升沿再次出现为止

（4）脉冲计时（TP）

脉冲计时功能块（如图 4.33 所示）在检测到上升沿时，内部计时器增计数至给定值，若计时器时间消耗完毕，则重置内部计时器，其参数如表 4.12 所列，时序图如图 4.34 所示。

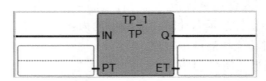

图 4.33　脉冲计时功能块

表 4.12　脉冲计时功能块参数列表

参　数	参数类型	数据类型	描　述
IN	Input	BOOL	• 如果 IN 为上升沿,若尚未开始增计时,则内部计时器开始增计时; • 如果 IN 为 False 且计时器时间已消耗完毕,将复位内部计时器; • 计数期间对 IN 的任何更改都无效
PT	Input	TIME	使用时间数据类型定义最大编程时间
Q	Output	BOOL	计时器正在计时,为 True;计时器停止计时,为 False
ET	Output	TIME	已消耗时间,范围:0 ms～1 193 h 2 m 47 s 294 ms

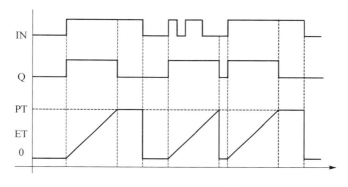

图 4.34　脉冲计时功能块时序图

由脉冲计时功能块时序图可见,输入参数 IN 的上升沿触发计时器开始计时,当计时器开始工作以后,便不受 IN 的干扰,直至计时完成。计时器完成计时后才接受 IN 的控制,即计时器的输出值保持住当前的计时值,直至输入参数 IN 变为 False 状态时,计时器才回到 0。此外,输出参数 Q 在计时器开始计时时,由 False 变为 True,当计时器计时结束后,再由 True 变为 False。所以 Q 可以表示计时器是否在计时状态。

（5）计时器功能块应用举例

为了更好地理解计时器功能块的应用问题,此处主要利用 TON、TOF 功能块构建一个通断控制程序,实现对 Micro850 中数字量输出的周期性、变导通比进行通断控制,如图 4.35 所示。

图 4.35 中,梯级 1 利用打开延迟计时功能块 TON_2 和反向接触开关 TON_2.Q 实现循环计时,循环计时时间是通过将 TON_2 中的最大编程时间 PT 设定为 1 s。梯级 2 利用关断延迟计时功能块 TOF_1 和正向接触开关 TON_2.Q 实现循环计时周期内的定时关断,关断定时时间是通过将 TOF_1 中的最大编程时间 PT 设定为 800 ms。

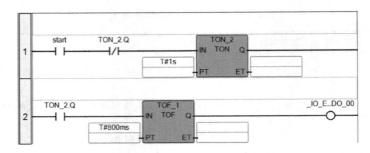

图 4.35   周期性通断控制程序

可见,如果利用这段程序对 Micro850 中指定数字量输出进行控制,即可观察到其对应指示灯的周期性亮灭情况,且通过调整 TON_2.PT,可改变指示灯"亮+灭"的总时间,调整 TOF_1.PT,可改变指示灯"亮"的时间。也就是说,在图 4.35 所示程序中参数的影响下,OUT_0 对应指示灯将处于 800 ms 亮、200 ms 灭的循环"亮灭"状态。

4.3.4   计数器功能块

计数器功能块指令主要用于增减计数,其主要用途描述如表 4.13 所列。

表 4.13   计数器功能块用途

功能块	描　述
CTD(递减计数器)	减计数
CTU(递增计数器)	增计数
CTUD(递增/递减计数器)	增减计数

以下内容将详细介绍递增/递减计数器功能块指令。

(1) 递增/递减计数器功能块(CTUD)

递增/递减计数器功能块如图 4.36 所示,其参数如表 4.14 所列。功能块执行递

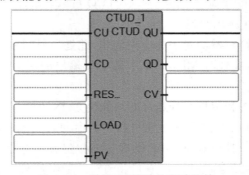

图 4.36   递增/递减计数器功能块

增计数时,将从 0 开始递增计数至给定值;执行递减计数时,将从给定值递减计数至 0。

表 4.14 给定减数计数功能块参数列表

参　数	参数类型	数据类型	描　述
CU	Input	BOOL	递增计数(检测到上升沿时,CV 值加 1)
CD	Input	BOOL	递减计数(检测到上升沿时,CV 值减 1)
RESET	Input	BOOL	重置命令(RESET 为 True 时,CV＝0)
LOAD	Input	BOOL	加载命令(LOAD 为 True 时,CV＝PV)
PV	Input	DINT	给定最大值
QU	Qutput	BOOL	上限标志,当 CV≥PV 时为 True
QD	Output	BOOL	下限标志,当 CV≤0 时为 True
CV	Output	DINT	计数器结果

(2)递增/递减计数器功能块应用举例

为了更好地理解递增/递减计数器功能块的应用问题,此处主要利用 CTUD、TON 功能块构建递增/递减计数器功能验证程序,如图 4.37 所示。

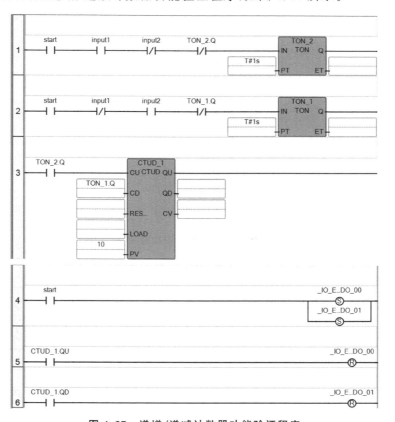

图 4.37 递增/递减计数器功能验证程序

图 4.37 中,梯级 1 和梯级 2 分别利用打开延迟计时功能块 TON_2、TON_1 和反向接触开关 TON_2.Q、TON_1.Q 实现循环计时,且计时时间为 1 s。同时利用 input1 和 input2 控制两组正向接触开关和反向接触开关,实现梯级 1 与梯级 2 之间的互锁,即两个梯级不能同时工作。

梯级 3 利用 CTUD_1 功能块实现递增/递减计数功能,当检测到 TON_2.Q 的上升沿时,CV 值加 1;当检测到 TON_1.Q 的上升沿时,CV 值减 1。同时,为了方便观察递增/递减计数结果,设定计数器的最大值为 10,并将计数器的初始值设定为 5。

梯级 4、梯级 5 和梯级 6 利用递增/递减计数结果控制 Micro850 中的数字量输出,使计数结果更加直观。梯级 4 正向接触开关 start 使能后,OUT_0 和 OUT_1 对应的指示灯将处于常亮状态;当 CV≥PV 时,梯级 5 中的正向接触开关 CTUD_1.QU 使能,OUT_0 对应的指示灯熄灭;当 CV≤0 时,梯级 6 中的正向接触开关 CTUD_1.QD 使能,OUT_1 对应的指示灯熄灭。

4.3.5　报警功能块

功能块指令中的报警类指令只有限位报警一种,如图 4.38 所示,该功能块用高限位值和低限位值限制一个实数变量。限位报警使用的高限位值和低限位值是 EPS 参数的一半,其详细参数如表 4.15 所列。

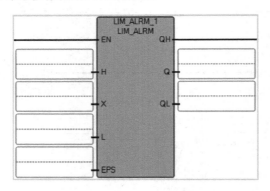

图 4.38　限位报警功能块

表 4.15　限位报警功能块参数列表

参　数	参数类型	数据类型	描　　述
EN	Input	BOOL	功能块使能。为 True 时,执行功能块;为 False 时,不执行功能块
H	Input	REAL	高限位值
X	Input	REAL	输入:任意实数
L	Input	REAL	低限位值
EPS	Input	REAL	迟滞值(须大于零)

参 数	参数类型	数据类型	描 述
QH	Output	BOOL	高位报警:X 大于高限位值 H 时为 True
Q	Output	BOOL	报警:X 超过限位值时为 True
QL	Output	BOOL	低位报警:X 小于低限位值 L 时为 True

限位报警的主要作用就是限制输入,当输入超过或者低于预置的限位安全值时,输出报警信号。在本功能块中,X 参数所连接的是实际要限制的输入,其他参数的意义可以参照表 4.15。

当 X 所连接的输入达到高限位值 H 时,功能块中的 QH 和 Q 的输出为 True,即输出高位报警和报警信息,而要解除该报警信息,需要输入的值小于高限位的迟滞值(H-EPS),这样就扩宽了报警范围,使输入值能较快地回到一个比较安全的范围内,起到保护机器的作用。

对于低位报警,功能块的工作方式与高位报警类似,当输入低于低限位值 L 时,功能块中的低位报警 QL 和报警 Q 输出为 True,而要解除该报警信息,则需要输入值回到低限位的迟滞值(L+EPS)。可见功能块中的报警 Q 综合了高位报警和低位报警,使用时可以留意该输出。限位报警功能块工作时序图如图 4.39 所示。

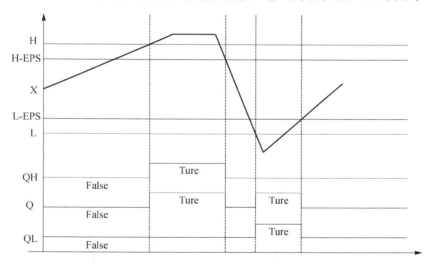

图 4.39 限位报警功能块工作时序图

限位报警功能块应用举例

为了更好地理解限位报警功能块的应用问题,此处主要利用 LIM_ALRM、CTUD、TON 功能块构建限位报警功能验证程序,如图 4.40 所示。

与递增/递减计数器功能验证程序类似,限位报警功能块验证程序的梯级 1 和梯级 2 分别利用打开延迟计时功能块 TON_2、TON_1 和反向接触开关 TON_2.Q、

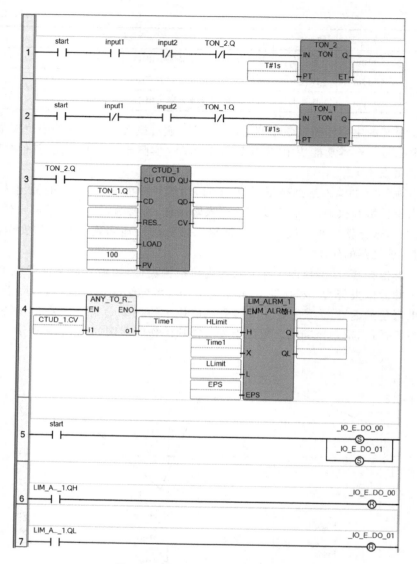

图 4.40　限位报警功能块验证程序

TON_1.Q 实现循环计时,且计时时间为 1 s。同时利用 input1 和 input2 控制两组正向接触开关和反向接触开关,实现梯级 1 与梯级 2 之间的互锁,即两个梯级不能同时工作。

梯级 3 利用 CTUD_1 功能块实现递增/递减计数功能,当检测到 TON_2.Q 的上升沿时,CV 值加 1;当检测到 TON_1.Q 的上升沿时,CV 值减 1。同时,为了方便观察限位报警结果,设定计数器的最大值为 100,并将计数器的初始值设定为 5。

梯级 4 首先利用 ANY_TO_REAL 模块,将递增/递减计数器输出的双整型计数结果 CTUD_1. CV 转换为实数型变量 Time1,并将其作为限位报警功能块 LIM_ALRM_1 的输入。为了方便观察限位报警结果,设置 LIM_ALRM_1 功能块高限位值的输入全局变量 HLimit＝8,低限位值的输入全局变量 LLimit＝2,迟滞值的输入全局变量 EPS＝1。

梯级 5、梯级 6 和梯级 7 利用限位报警结果控制 Micro850 中的数字量输出,使计数结果更加直观。梯级 5 正向接触开关 start 使能后,OUT_0 和 OUT_1 对应指示灯将处于常亮状态;当 Time1 大于高限位值 HLimit 时,梯级 6 中的正向接触开关 LIM_ALRM_1. QH 使能,OUT_0 对应的指示灯熄灭,直到 Time1 小于或等于 HLimit-EPS,LIM_ALRM_1. QH 变为 False,OUT_0 对应的指示灯亮起;当 Time1 小于低限位值 LLimit 时,梯级 7 中的正向接触开关 LIM_ALRM_1. QL 使能,OUT_1 对应的指示灯熄灭,直到 Time1 大于或等于 LLimit＋EPS,LIM_ALRM_1. QL 变为 False,OUT_1 对应的指示灯亮起。

4.3.6　数据操作功能块

数据操作类功能块指令主要包括平均、最大值和最小值,其主要用途描述如表 4.16 所列。

表 4.16　数据操作类功能块指令用途

功能块	描　述
AVERAGE(平均)	在 N 个取样上运行平均值
MAX(最大值)	比较产生两个输入整数中的最大值
MIN(最小值)	比较产生两个输入整数中的最小值

平均(AVERAGE)
平均功能块如图 4.41 所示。

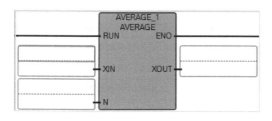

图 4.41　平均功能块

平均功能块用于计算每一个循环周期内所有已存储值的平均值,并存储该平均值,只有 N 的最后输入值被存储,且 N 的样本个数不能超过 128 个。如果 RUN 命令为 False(重置模式),输出值则等于输入值。当达到最大的存储个数时,第一个存储的值将被最后一个替代。该功能块参数如表 4.17 所列。

表 4.17 平均功能块参数列表

参　数	参数类型	数据类型	描　述
RUN	Input	BOOL	True 时执行；False 时重置
XIN	Input	REAL	任意实数
N	Input	DINT	用于定义样本个数
XOUT	Output	REAL	输出 XIN 的平均值
ENO	Output	BOOL	使能输出

注意：需要设置或更改 N 的值时，需要先把 RUN 置为 False，然后再置回 True。

4.3.7　输入/输出类功能块

输入/输出类功能块指令主要用于管理控制器与外设之间的输入数据和输出数据，其主要用途描述如表 4.18 所列。

表 4.18 输入/输出类功能块指令用途

功能块	描　述
HSC（高速计时器）	设置要应用到高速计数器上的高预设值和低预设值以及输出源
HSC_SET_STS（HSC 状态设置）	手动设置/重置高速计数器状态
IIM（立即输入）	在正常输出扫描之前更新输入
IOM（立即输出）	在正常输出扫描之前更新输出
KEY_READ（键状态读取）	读取可选 LCD 模块中的键的状态（只限 Micro810）
MM_INFO（存储模块信息）	读取存储模块的标题信息
PLUGIN_INFO（嵌入型模块信息）	获取嵌入型模块信息（存储模块除外）
PLUGIN_READ（嵌入型模块数据读取）	从嵌入型模块中读取信息
PLUGIN_RESET（嵌入型模块重置）	重置一个嵌入型模块（硬件重置）
PLUGIN_WRITE（写嵌入型模块）	向嵌入型模块中写入数据
RTC_READ（读 RTC）	读取实时时钟（RTC）模块的信息
RTC_SET（写 RTC）	向实时时钟模块设置实时时钟数据
SYS_INFO（系统信息）	读取 Micro800 系统状态
TRIMPOT_READ（微调电位器）	从特定的微调电位模块中读取微调电位值
LCD（显示）	显示字符串和数据（只限 Micro810）
RHC（读高速时钟的值）	读取高速时钟的值
RPC（读校验和）	读取用户程序校验和

以下内容将详细介绍上述指令块。

（1）立即输入（IIM）

立即输入功能块如图 4.42 所示。

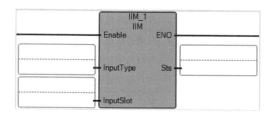

图 4.42 立即输入功能块

立即输入功能块用于不等待自动扫描而立即输入一个数据。注意,在某些 CCW 版本中,立即输入功能块只支持嵌入式的数据输入,该功能块参数列表见表 4.19。

表 4.19 立即输入功能块参数列表

参 数	参数类型	数据类型	描 述
InputType	Input	USINT	输入数据类型:0—本地数据;1—嵌入式输入;2—扩展式输入
InputSlot	Input	USINT	输入槽号:对于本地输入,总为 0;对于嵌入式输入,输入槽号为 1、2、3、4、5(插口槽号最左边为 1);对于扩展式输入,输入槽号是 1、2、3……(扩展 I/O 模式号,从最左边为 1 开始)
Sts	Output	USINT	立即输入扫描状态,见 IIM/IOM 状态代码

IIM/IOM 状态代码见表 4.20。

（2）存储模块信息（MM_INFO）

存储模块信息功能块用于检查存储模块信息。当没有存储模块时,所有值变为 0,存储模块信息功能块如图 4.43 所示,其参数如表 4.21 所列。

表 4.20 IIM/IOM 状态代码

状态代码	描 述
0x00	不使能(不执行动作)
0x01	输入/输出扫描成功
0x02	输入/输出类型无效
0x03	输入/输出槽号无效

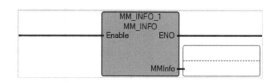

图 4.43 存储模块信息功能块

表 4.21 存储模块信息功能块参数列表

参 数	参数类型	数据类型	描 述
MMInfo	Output	MMINFO 见 MMINFO 数据类型	存储模块信息

MMINFO 数据类型如表 4.22 所列。

表 4.22　MMINFO 数据类型

参　数	数据类型	描　述
MMCatalog	MMCATNUM	存储模块的目录号,类型编号
Series	UINT	存储模块的序列号,系列
Revision	UINT	存储模块的版本
UPValid	BOOL	用户程序有效(True:有效)
ModeBehavior	BOOL	模式动作(True:上电后,执行运行模式)
LoadAlways	BOOL	上电后,存储模块信息存于控制器
LoadOnError	BOOL	如果上电后有错误,则将存储模块信息存于控制器
FaultOverride	BOOL	上电后出现覆盖错误
MMPresent	BOOL	存储模块信息已存在

（3）嵌入式模块信息（PLUGIN_INFO）

嵌入式模块的信息可以通过该功能块读取。该功能块可以读取任意嵌入式模块的信息（除了 2080-MEMBAK-RTC 模块）。当没有嵌入式模块时,所有的参数值归零。该功能块如图 4.44 所示,其参数如表 4.23 所列。

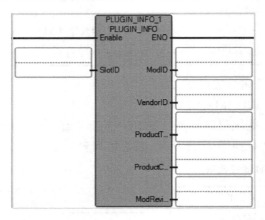

图 4.44　嵌入式模块信息功能块

表 4.23　嵌入式模块信息功能块参数列表

参　数	参数类型	数据类型	描　述
SlotID	Input	UINT	嵌入槽号;槽号=1,2,3,4,5(从最左边开始,第一个插口槽号=1)
ModID	Output	UINT	嵌入式模块物理 ID
VendorID	Output	UINT	嵌入式模块厂商 ID,对于 Allen Bradley 产品,厂商 ID=1

参　数	参数类型	数据类型	描　述
ProductType	Output	UINT	嵌入式模块产品类型
ProductCode	Output	UINT	嵌入式模块产品代码
ModRevision	Output	UINT	生产型号版本信息

（4）嵌入式模块数据读取（PLUGIN_READ）

嵌入式模块数据读取功能块用于从嵌入式模块硬件读取一组数据，该功能块如图 4.45 所示，其参数如表 4.24 所列。

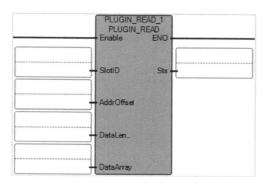

图 4.45　嵌入式模块数据读取功能块

表 4.24　嵌入式模块数据读取功能块参数列表

参　数	参数类型	数据类型	描　述
Enable	Input	BOOL	功能块使能。为 True 时,执行功能块;为 False 时,不执行功能块。所有输出数值为 0
SlotID	Input	UINT	嵌入槽号;槽号=1,2,3,4,5(从最左边开始,第一个插口槽号=1)
AddrOffset	Input	UINT	第一个要读的数据的地址偏移量。从嵌入类模块的第一个字节开始计算
DataLength	Input	UINT	需要读的字节数量
DataArray	Input	USINT	任意曾用于存储读取于嵌入类模块 Data 中数据的数组
Sts	Output	UINT	见嵌入类模块操作状态值
ENO	Output	BOOL	使能输出

嵌入式模块操作状态值如表 4.25 所列。

表 4.25　嵌入式模块操作状态值

状态值	状态描述
0x00	功能块未使能(无操作)
0x01	嵌入操作成功
0x02	由于无效槽号,嵌入操作失败
0x03	由于无效嵌入式模块,嵌入操作失败
0x04	由于数据操作超出范围,嵌入操作失败
0x05	由于数据奇偶校验错误,嵌入操作失败

(5) 嵌入式模块重置(PLUGIN_RESET)

嵌入式模块重置功能块用于重置任意嵌入式模块硬件信息(除了 2080-MEM-BAK-RTC)。硬件重置后,嵌入式模块可以组态或操作。嵌入式模块重置功能块如图 4.46 所示,其参数如表 4.26 所列。

图 4.46　嵌入式模块重置功能块

表 4.26　嵌入式模块重置功能块参数列表

参　数	参数类型	数据类型	描　述
SlotID	Input	UINT	嵌入槽号:槽号=1,2,3,4,5(从最左边开始,第一个插口槽号=1)
Sts	Output	UINT	见嵌入式模块操作状态值

(6) 读 RTC(RTC_READ)

读 RTC 功能块用于读取 RTC 预设值和 RTC 信息,该功能块如图 4.47 所示,其参数如表 4.27 所列,其中 RTC 数据类型如表 4.28 所列。

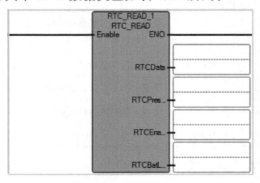

图 4.47　读 RTC 功能块

表 4.27　读 RTC 功能块参数列表

参　数	参数类型	数据类型	描　述
RTCData	Output	RTC 见 RTC 数据类型(表 4.28)	RTC 数据信息:yy/mm/dd,hh/mm/ss,week
RTCPresent	Output	BOOL	RTC 硬件嵌入,为 True;RTC 未嵌入,为 False
RTCEnabled	Output	BOOL	RTC 硬件使能(计时),为 True;RTC 硬件未使能(未计时),为 False
RTCBatLow	Output	BOOL	RTC 电量低,为 True;RTC 电量不低,为 False
ENO	Output	BOOL	使能输出

表 4.28　RTC 数据类型

参　数	数据类型	描　述
Year	UINT	对 RTC 设置的年份,16 位,有效范围是 2000～2098
Month	UINT	对 RTC 设置的月份
Day	UINT	对 RTC 设置的日期
Hour	UINT	对 RTC 设置的小时
Minute	UINT	对 RTC 设置的分钟
Second	UINT	对 RTC 设置的秒
DayOfWeek	UINT	对 RTC 设置的星期

（7）写 RTC(RTC_SET)

写 RTC 功能块用于设置 RTC 状态或是写 RTC 信息,该功能块如图 4.48 所示,其参数列表见表 4.29,其中 RTC 设置状态值如表 4.30 所列。

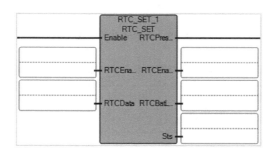

图 4.48　写 RTC 功能块

表 4.29 写 RTC 功能块参数列表

参　数	参数类型	数据类型	描　　述
RTCEnabled	Input	BOOL	启用 RTC 及指定的 RTC 数据,为 True;禁用 RTC 数据,为 False
RTCData	Input	RTC 见 RTC 数据类型	RTC 数据信息:yy/mm/dd,hh/mm/ss,week。当 RTCEnabled=0 时,忽略该数据
RTCPresent	Output	BOOL	RTC 硬件嵌入,为 True;RTC 未嵌入,为 False
RTCEnabled	Output	BOOL	RTC 硬件使能(计时),为 True;RTC 硬件未使能(未计时),为 False
RTCBatLow	Output	BOOL	RTC 电量低,为 True;RTC 电量不低,为 False
Sts	Output	BOOL	读操作状态,见 RTC 设置状态值(表 4.3)

表 4.30　RTC 设置状态值

状态值	状态描述
0x00	功能块未使能(无操作)
0x01	RTC 设置操作成功
0x02	RTC 设置操作失败

（8）系统信息（SYS_INFO）

系统信息功能块用于读取系统状态数据块,该功能块如图 4.49 所示,其参数如表 4.31 所列。

图 4.49　系统信息功能块

表 4.31　系统信息功能块参数列表

参　数	参数类型	数据类型	描　述
Sts	Output	SYSINFO,见 SYSINFO 数据类型	系统状态数据块
ENO	Output	BOOL	使能输出

SYSINFO 数据类型如表 4.32 所列。

表 4.32　2SYSINFO 数据类型

参　数	数据类型	描　述
BOOTMajRev	UINT	启动主要版本信息
BOOTMinRev	UINT	启动副本信息
OSSeries	UINT	操作系统(OS)系列。注:0 代表系列 A 产品
OSMajRev	UINT	操作系统(OS)主要版本
OSMinRev	UINT	操作系统(OS)次要版本
ModeBehaviour	BOOL	动作模式(上电后启动 RUN 模式,为 True)
FaultOverride	BOOL	默认覆盖(上电后覆盖错误,为 True)
StrtUpProtect	BOOL	启动保护(上电后启动保护程序,为 True)
MajErrHalted	BOOL	主要错误停止(主要错误已停止,为 True)
MajErrCode	UNIT	主要错误代码
MajErrUFR	BOOL	用户程序里的主要错误
UFRPouNum	UINT	用户错误程序号
MMLoadAlways	BOOL	上电后,存储模块总是重新存储到控制器(重新存储,为 True)
MMLoadOnError	BOOL	上电后,如果发生错误,则重新存储至控制器(重新存储,为 True)
MMPwdMismatch	BOOL	存储模块密码不匹配(控制器和存储模块的密码不匹配,为 True)
FreeRunClock	UNIT	从 0~65 535 每 100 μs 递增一个数字,然后回到 0 的可运行时钟。如果需要比标准 1 ms 的更高分辨率计时器,可以使用该全局范围内可以访问的时钟
ForcesInstall	BOOL	强制安装(安装,为 True)
EMINFilterMod	BOOL	修改嵌入的过滤器(修改,为 True)

（9）微调电位器(TRIMPOT_READ)

微调电位器功能块用于读取微调电位当前值,该功能块如图 4.50 所示,其参数如表 4.33 所列。

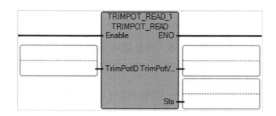

图 4.50　微调电位器功能块

表 4.33　微调电位器功能块参数列表

参　　数	参数类型	数据类型	描　　述
TrimPotID	Input	UINT	要读取的微调电位的 ID（见 TrimPotID 定义）
TrimPotValue	Output	UINT	当前电位值
Sts	Output	UINT	读取操作的状态（见电位操作状态值）
ENO	Output	BOOL	使能输出

TrimPotID 定义如表 4.34 所列。

表 4.34　TrimPotID 定义

输出选择	Bit	描　　述
TrimPotID 定义	15～13	电位计模块类型： 0x00——本地； 0x01——扩展式； 0x02——嵌入式
	12～8	模块的槽号： 0x00——本地； 0x01～0x1F——扩展模块的 ID； 0x01～0x05——嵌入型的 ID
	7～4	电位类型： 0x00——保留； 0x01——数字电位类型 1（LCD 模块 1）； 0x02——机械式电位计模块 1
	3～0	模块内部的电位计 ID： 0x00～0x0F——本地； 0x00～0x07——扩展式的电位 ID； 0x00～0x07——嵌入式的电位 ID； 微调电位 ID 从 0 开始

电位操作状态值如表 4.35 所列。

表 4.35　电位操作状态值

状态值	状态描述
0x00	功能块未使能（无读写操作）
0x01	读写操作成功
0x02	由于无效电位 ID 导致读写失败
0x03	由于超出范围导致写操作失败

（10）读校验和（RPC）

读校验和功能块用于从控制器或者存储模块中读取用户程序的校验和,该功能块如图 4.51 所示,其参数如表 4.36 所列。

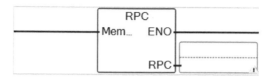

图 4.51　读校验和功能块

表 4.36　读校验和功能块参数列表

参　数	参数类型	数据类型	描　述
MemMod	Input	BOOL	从存储模块中读取,为 True;从 Micro800 控制器中读取,为 False
RPC	Output	UDINT	指定用户程序的校验和
ENO	Output	BOOL	使能输出

4.3.8　过程控制功能块

过程控制功能块指令用途描述如表 4.37 所列。

表 4.37　过程控制功能块指令用途

功能块	描　述
DERIVATE（微分）	一个实数的微分
HYSTER（迟滞）	不同实值上的布尔迟滞
INTEGRAL（积分）	积分
IPIDCONTROLLER（PID）	比例,积分,微分
SCALER（缩放）	鉴于输出范围缩放输入值
STACKINT（整数堆栈）	整数堆栈

以下内容将对上述指令进行详细介绍。

（1）微分（DERIVATE）

微分功能块如图 4.52 所示,该功能块用于取一个实数的微分。如果 CYCLE 参数设置的时间小于设备的执行循环周期,采样周期将强制与该循环周期一致。注意:微分是以毫秒为时间基准计算的。要将该指令的输出换算成以秒为单位表示的值,必须将其输出再除以 1 000。微分功能块参数如表 4.38 所列。

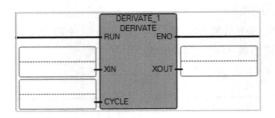

图 4.52 微分功能块

表 4.38 微分功能块参数列表

参　数	参数类型	数据类型	描　　述
RUN	Input	BOOL	模式：True＝普通模式；False＝重置模式
XIN	Input	REAL	输入：任意实数
CYCLE	Input	TIME	采样周期，0 ms～23 h 59 m 59 s 999 ms 之间的任意实数
XOUT	Output	REAL	微分输出
ENO	Output	BOOL	使能输出

　　微分功能块验证程序运行结果如图 4.53 所示，验证程序的梯级 1、梯级 2 和梯级 3 采用的是递增/递减计数器功能块验证程序中的梯级 1、梯级 2 和梯级 3，目的是产生一个可递增或递减变化的全局变量 CTUD_1.CV。在微分功能块验证程序的梯级 4 中，首先将 CTUD_1.CV 进行数据格式变换，再放大 1 000 倍，则可见 DERI-VATE 功能块 XIN 输入的全局变量 Time2，应随 CYCLE 参数设置的时间每隔 1 s 变化 1 000，但由于 DERIVATE 功能块是以毫秒为时间基准计算的，因此，DERI-VATE 功能块输出 XOUT＝1 的含义应为每隔 1 ms 增加 1，如图 4.53（a）所示；XOUT＝－1 的含义应为每隔 1 ms 减小 1，如图 4.53（b）所示。

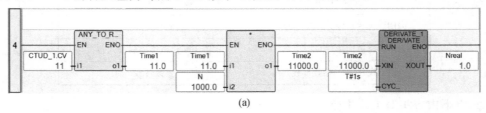

(a)

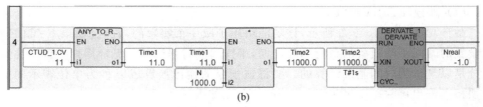

(b)

图 4.53 微分功能块验证程序运行结果

(2) 迟滞(HYSTER)

迟滞指令功能块用于上限实值滞后,该功能块如图 4.54 所示,其参数如表 4.39 所列。

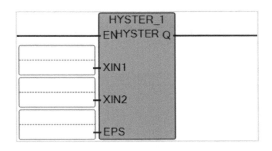

图 4.54　迟滞功能块

表 4.39　迟滞功能块参数列表

参　数	参数类型	数据类型	描　述
XIN1	Input	REAL	任意实数
XIN2	Input	REAL	测试 XIN1 是否超过 XIN2＋EPS
EPS	Input	REAL	滞后值(须大于 0)
ENO	Output	BOOL	使能输出
Q	Output	BOOL	当 XIN1 大于 XIN2＋EPS 且不小于 XIN2－EPS 时为真

迟滞指令功能块指令的时序图如图 4.55 所示。

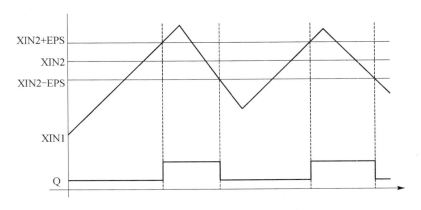

图 4.55　迟滞指令功能块指令的时序图

由迟滞指令功能块指令的时序图可见,当功能块输入 XIN1 没有达到功能块的高预置值(即 XIN2＋EPS)时,功能块的输出 Q 始终保持 False 状态;当输入超过高预置值时,输出才跳转为 True 状态。输出变为 True 状态后,如果输入值没有小于低预置值(XIN2－EPS),输出将一直保持 True 状态,如此反复。可见迟滞功能块是把功能块输出 True 的条件提高了,又把输出 False 的条件降低了,这样就提高了启动条件,降低了停机条件,在实际的应用场合中能起到保护机器的作用。

（3）积分(INTEGRAL)

积分功能块用于对一个实数进行积分,该功能块如图 4.56 所示,其参数如表 4.40 所列。

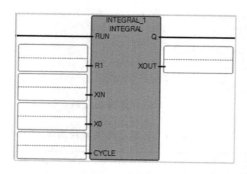

图 4.56　积分功能块

表 4.40　积分功能块参数列表

参　数	参数类型	数据类型	描　述
RUN	Input	BOOL	积分模式,为 True;保持模式,为 False
R1	Input	BOOL	重置重写
XIN	Input	REAL	输入:任意实数
X0	Input	REAL	无效值
CYCLE	Input	TIME	采样周期。0 ms～23 h 59 m 59 s 999 ms 间的可能值
Q	Output	BOOL	非 R1
XOUT	Output	REAL	积分输出

如果 CYCLE 参数设置的时间小于设备的执行循环周期,采样周期将强制与该循环周期一致。首次初始化积分功能块时,不会考虑其初始值,使用 R1 参数来设置要用于计算的初始值。

建议不要使用该功能块的 EN 和 ENO 参数,因为当 EN 为假时,循环时间将会中断,导致不正确积分。如果选择使用 EN 和 ENO 参数,需把 R1 和 EN 置为真来清除现有的结果,从而确保积分正确。

为防止丢失积分值,控制器从 PROGRAM 转换为 RUN 模式或 RUN 参数从 False 转换为 True 时,不会自动清除积分值。首次将控制器从 PROGRAM 转换到 RUN 模式以及启动新的积分时,使用 R1 参数可清除积分值。积分功能块验证程序运行结果如图 4.57 所示,采用正向接触开关 start 实现对积分功能块的使能,IN-

TEGRAL_1 的 XIN 输入全局变量 Time2＝1,X0 输入全局变量 N＝0,CYCLE 设定时间为 1 s,可见积分功能块 INTEGRAL_1 将对初始值为 0 的输入 1 以 1 s 为时间基准求取积分,由于 INTEGRAL 功能块也是以毫秒为时间基准计算的,所以 INTEGRAL_1 功能块的输出 XOUT 在 1 s 后有 XOUT＝1 000,要将指令的输出换算成以秒为单位表示的值,可以将该输出除以 1 000。若 start 不置 False,则 INTEGRAL 功能块会一直运行,在运行 10 s 以后,即会出现图中的 XOUT＝10 000。

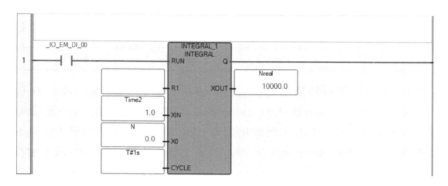

图 4.57　INTEGRAL 功能块运行结果

（4）量程转换（SCALER）

量程转换功能块的作用是基于输出范围量程转换输入值,例如：

$$Output = \frac{(Input - InputMin)}{(InputMax - InputMin)} \times (OutputMax - OutputMin) + OutputMin$$

该功能块如图 4.58 所示,其参数如表 4.41 所列。

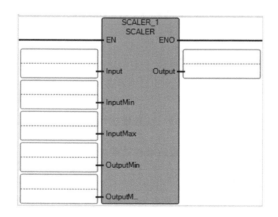

图 4.58　量程转换功能块

表 4.41 量程转换功能块参数列表

参　数	参数类型	数据类型	描　述
Input	Input	REAL	输入信号
InputMin	Input	REAL	输入最小值
InputMax	Input	REAL	输入最大值
OutputMin	Input	REAL	输出最小值
OutputMax	Input	REAL	输出最大值
Output	Output	REAL	输出值

以一个例子介绍量程转换功能块的使用方法。假设 InputMin 输入 0.0, Input-Max 输入 100.0, OutputMin 输入 0.0, OutputMax 输入 10 000.0, 则此功能块会将 Input 输入的数按 0～100 中的比例转化为 0～10 000 中的数输出到 Output 中。若 Input 中输入 10.0, 则 Output 输出 1 000.0; 若 Input 中输入 50.0, 则 Output 输出 5 000.0。

（5）整数堆栈（STACKINT）

整数堆栈功能块用于处理一个整数堆栈, 该功能块如图 4.59 所示, 其参数如表 4.42 所列。

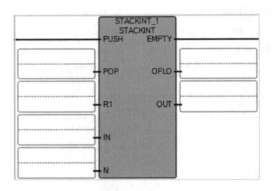

图 4.59 整数堆栈功能块

表 4.42 整数堆栈功能块参数列表

参　数	参数类型	数据类型	描　述
PUSH	Input	BOOL	推命令(仅当上升沿有效), 把 IN 的值放入堆栈的顶部
POP	Input	BOOL	拉命令(仅当上升沿有效), 把最后推入堆栈顶部的值删除
R1	Input	BOOL	重置堆栈至"空"状态
IN	Input	DINT	推的值

续表 4.42

参　数	参数类型	数据类型	描　述
N	Input	DINT	用于定义堆栈尺寸
EMPTY	Output	BOOL	堆栈空时为 True
OFLO	Output	BOOL	上溢:堆栈满时为 True
OUT	Output	DINT	堆栈顶部的值,当 OFLO 为 True 时,OUT 值为 0

STACKINT 功能块对 PUSH 和 POP 命令的上升沿进行检测。堆栈的最大值为 128,在重置(R1 至少置为 True 一次,然后回到 False)后 OFLO 值才有效。用于定义堆栈尺寸的 N 不能小于 1 或大于 128。下列情况下,该功能块将处理无效值:

- 如果 $N<1$,STACKINT 功能块尺寸为 1 的数据;
- 如果 $N>128$,STACKINT 功能块尺寸为 128 的数据。

4.3.9　程序控制功能块

程序控制类功能块指令主要有暂停和限幅以及停止并启动 3 个指令,具体说明如下。

(1) 暂停(SUS)

暂停功能块用于暂停执行 Micro800 控制器,该功能块如图 4.60 所示,其参数如表 4.43 所列。

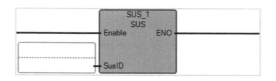

图 4.60　暂停功能块

表 4.43　暂停功能块参数列表

参　数	参数类型	数据类型	描　述
SusID	Input	UINT	暂停控制器的 ID
ENO	Output	BOOL	使能输出

(2) 限幅(LIMIT)

限幅功能块用于将输入的整数值限制在给定水平,整数值的最大限值和最小限值是不变的。如果整数值大于最大限值,则用最大限值代替它;当整数值小于最小值时,则用最小限值代替它。该功能块如图 4.61 所示,其参数如表 4.44 所列。

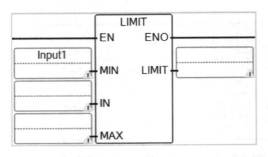

图 4.61 限幅功能块

表 4.44 限幅功能块参数列表

参 数	参数类型	数据类型	描 述
MIN	Input	DINT	支持的最小值
IN	Input	DINT	任意有符号整数值
MAX	Input	DINT	支持的最大值
LIMIT	Output	DINT	把输入值限制在支持范围内的输出
ENO	Output	BOOL	使能输出

（3）停止并重启（TND）

停止并重启功能块用于停止当前用户程序扫描。然后在输出扫描、输入扫描和内部处理后,用户程序将从第一个子程序开始重新执行。该功能块如图 4.62 所示,其参数如表 4.45 所列。

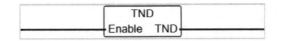

图 4.62 停止并重启功能块

表 4.45 停止并重启功能块参数列表

参 数	参数类型	数据类型	描 述
TND	Output	BOOL	如果为 True,该功能块动作成功。注:当变量监视开启时,监视变量的值将赋给功能块输出;当变量监视关闭时,输出变量的值赋给功能块输出

4.3.10 算术功能块

算术类功能块指令主要用于实现算术函数关系,如三角函数、指数幂、对数等。该指令具体描述如表 4.46 所列。

表 4.46 算术类功能块指令用途

功能块	描　述
ABS(绝对值)	取一个实数的绝对值
ACOS(反余弦)	取一个实数的反余弦
ACOS_LREAL(长实数反余弦值)	取一个 64 位长实数的反余弦
ASIN(反正弦)	取一个实数的反正弦
ASIN_LREAL(长实数反正弦值)	取一个 64 位长实数的反正弦
ATAN(反正切)	取一个实数的反正切
ATAN_LREAL(长实数反正切值)	取一个 64 位长实数的反正切
COS(余弦)	取一个实数的余弦
COS_LREAL(长实数余弦值)	取一个 64 位长实数的余弦
EXPT(整数指数幂)	取一个实数的整数指数幂
LOG(对数)	取一个实数的对数(以 10 为底)
MOD(除法余数)	取模数
POW(实数指数幂)	取一个实数的实数指数幂
RAND(随机数)	随机值
SIN(正弦)	取一个实数的正弦
SIN_LREAL(长实数正弦值)	取一个 64 位长实数的正弦
SQRT(平方根)	取一个实数的平方根
TAN(正切)	取一个实数的正切
TAN_LREAL(长实数正切值)	取一个 64 位长实数的正切
TRUNC(取整)	把一个实数的小数部分截掉(取整)
Multiplication(乘法指令)	两个或两个以上变量相乘
Addition(加法指令)	两个或两个以上变量相加
Subtraction(减法指令)	两个变量相减
Division(除法指令)	两个变量相除
MOV(直接传送)	把一个变量分配到另一个中
Neg(取反)	整数取反

以下内容将举例介绍该指令的具体应用。

(1) 弧度反余弦值(ACOS)

弧度反余弦值功能块用于产生一个实数的反余弦值,模块的输入和输出都是弧度,该功能块如图 4.63 所示,其参数如表 4.47 所列。

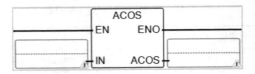

图 4.63　弧度反余弦值功能块

表 4.47　弧度反余弦值功能块参数列表

参　数	参数类型	数据类型	描　述
IN	Input	REAL	需在－1.0～1.0 之间
ACOS	Output	REAL	输出的反余弦值在 0.0～pi 之间。无效输入时为 0.0

弧度反余弦值功能块的验证结果如图 4.64 所示，ACOS 的 IN 输入全局变量 N＝0.5，显然反余弦结果应为 60°，换算为弧度以后即为功能块输出 ACOS ≈ 1.047 198。

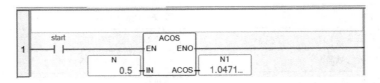

图 4.64　弧度反余弦值功能块验证结果

（2）除法余数（模）（MOD）

除法余数功能块用于产生一个整数除法的余数，该功能块如图 4.65 所示，其参数如表 4.48 所列。

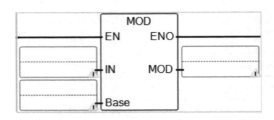

图 4.65　除法余数功能块

表 4.48　除法余数功能块参数列表

参　数	参数类型	数据类型	描　述
IN	Input	DINT	任意有符号整数
Base	Input	DINT	被除数，须大于零
MOD	Output	DINT	余数计算。如果 Base≤0，则输出－1

（3）实数指数幂（POW）

实数指数幂功能块产生实数指数值的形式为基底^{指数}（base^{exponent}）（注：Exponent 为实数）。该功能块如图 4.66 所示，其参数如表 4.49 所列。

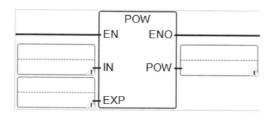

图 4.66　实数指数幂功能块

表 4.49　实数指数幂功能块参数列表

参　数	参数类型	数据类型	描　述
IN	Input	REAL	基底，实数
EXP	Input	REAL	指数值，幂
POW	Output	REAL	结果（IN^{EXP}）。输出 1.0，如果 IN 不是 0.0，EXP 为 0.0；输出 0.0，如果 IN 是 0.0，EXP 为负；输出 0.0，如果 IN 是 0.0，EXP 为 0.0；输出 0.0，如果 IN 为负，EXP 不为整数

（4）随机数（RAND）

随机数功能块用于从一个定义的范围中产生一组随机整数值。该功能块如图 4.67 所示，其参数如表 4.50 所列。

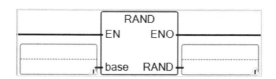

图 4.67　随机数功能块

表 4.50　随机数功能块参数列表

参　数	参数类型	数据类型	描　述
base	Input	DINT	定义支持的数值范围
RAND	Output	DINT	随机整数值，在 0～base－1 范围内

随机数功能块的验证结果如图 4.68 所示，RAND 的 base 输入全局变量 N＝10，通过观察输出全局变量 N1 的值可知，随机数功能块 RAND 在每个 CPU 循环周期中都会随机产生一个 0～9 范围内的随机整数。

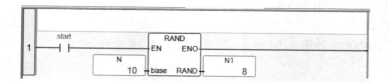

图 4.68 随机数功能块验证结果

（5）乘指令（Multiplication）

乘指令实现的是两个及多个整数或实数的乘法运算。乘指令功能块如图 4.69 所示，其参数如表 4.51 所列。

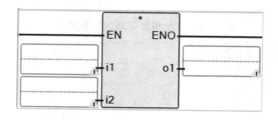

图 4.69 乘指令功能块

表 4.51 乘指令参数列表

参 数	参数类型	数据类型	描 述
i1	Input	SINT-USINT-BYTE-INT-UINT-WORD-	可以是整数或实数（所有的输入
i2	Input	DINT-UDINT-DWORD-LINT-ULINT-	变量必须是同一格式）
O1	Output	LWORD-REAL-LREAL	输入的乘法

（6）直接传送指令（MOV）

直接传送指令实现的是直接将输入和输出相连接，当与布尔非一起使用时，将一个 i1 复制移动到 o1 中去。直接传送指令功能块如图 4.70 所示，其参数如表 4.52 所列。

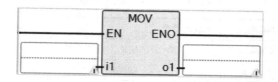

图 4.70 直接传送指令功能块

表 4.52　直接传送指令参数列表

参　数	参数类型	数据类型	描　述
i1	Input	BOOL-DINT-REAL-TIME-STRING-SINT-USINT-INT-UINT-UDINT-LINT-ULINT-DATE-LREAL-BYTE-WORD-DWORD-LWORD	输入和输出必须使用相同的格式
o1	Output		输入和输出必须使用相同的格式
ENO	Output	BOOL	使能信号输出

（7）取负指令（Neg）

取负指令实现的是将输入变量取反,其功能块如图 4.71 所示,参数如表 4.53 所列。

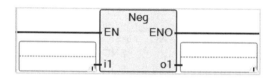

图 4.71　取负指令功能块

表 4.53　取负指令参数列表

参　数	参数类型	数据类型	描　述
i1	Input	SINT-INT-DINT-LINT-REAL-LREAL	输入和输出必须使用相同的格式
o1	Output		

4.3.11　二进制操作功能块

二进制操作类指令主要用于二进制数之间的与或非运算,以及实现屏蔽、位移等功能。该类功能块指令具体描述如表 4.54 所列。

表 4.54　二进制操作功能块指令用途

功能块	描　述
AND_MASK（与屏蔽）	整数位到位的与屏蔽
NOT_MASK（非屏蔽）	整数位到位的取反
OR_MASK（或屏蔽）	整数位到位的或屏蔽
ROL（左循环）	将一个整数值左循环
ROR（右循环）	将一个整数值右循环
SHL（左移）	将整数值左移
SHR（右移）	将整数值右移

续表 4.54

功能块	描　述
XOR_MASK（异或屏蔽）	整数位到位的异或屏蔽
AND（逻辑与）	布尔与
NOT（逻辑非）	布尔非
OR（逻辑或）	布尔或
XOR（逻辑异或）	布尔异或

以下内容将举例介绍二进制操作类功能块各指令的具体应用。

（1）取反（NOT_MASK）

取反指令实现的是整数值位与位的取反，其功能块如图 4.72 所示，参数如表 4.55 所列。

图 4.72　取反指令功能块

表 4.55　取反指令参数列表

参　数	参数类型	数据类型	描　述
IN	Input	DINT	须为整数形式
NOT_MASK	Output	DINT	32 位形式的 IN 的位与位取反
ENO	Output	BOOL	使能输出

取反指令功能块的验证结果如图 4.73 所示，NOT_MASK 的 IN 输入全局变量 N=6，写成 32 位无符号整型形式应为 0000 0006，执行取反操作得到 FFFF FFF9。再将 FFFF FFF9 转换为有符号整型后，最高位是 1，表示此数为负数，最高位不变，其余位减 1 后，按位取反得到 8000 0007，表示成整数形式即为 −7。

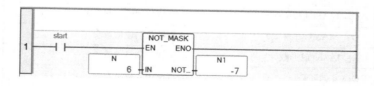

图 4.73　取反指令功能块验证结果

（2）左循环（ROL）

左循环指令实现的是将 32 位整数值按其位向左循环，其功能块如图 4.74 所示，参数如表 4.56 所列。

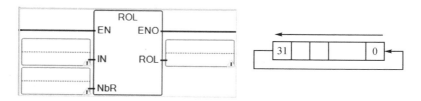

图 4.74　左循环指令功能块

表 4.56　左循环指令参数列表

参　数	参数类型	数据类型	描　　述
IN	Input	DINT	整数值
NbR	Input	DINT	要循环的位数,须在(1~31)范围内
ROL	Output	DINT	左移之后的输出,当 NbR≤0 时,无变化输出
ENO	Output	BOOL	使能输出

左循环指令功能块的验证结果如图 4.75 所示,ROL 的 IN 输入全局变量 N＝1,写成 32 位无符号整型形式应为 0000 0001,再执行左移指令,移动位数为 ROL 的 NbR 输入全局变量 N1＝7,显然移动后为 0000 0080,表示成整数形式即为 ROL 的输出全局变量 N2＝128。

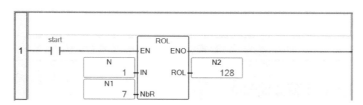

图 4.75　左循环指令功能块验证结果

（3）左移(SHL)

左移指令实现的是将 32 位整数值按其位向左移,最低有效位用 0 替代,其功能块如图 4.76 所示,参数如表 4.57 所列。

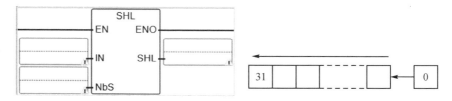

图 4.76　左移指令功能块

表 4.57　左移指令参数列表

参　数	参数类型	数据类型	描　述
IN	Input	DINT	整数值
NbS	Input	DINT	要移动的位数,须在 1～31 范围内
SHL	Output	DINT	左移之后的输出,当 NbR≤0 时,无变化输出

（4）逻辑与（AND）

逻辑与指令实现的是两个或更多表达式之间的布尔"与"运算,注意,该模块可以运算额外输入变量,其功能块如图 4.77 所示,参数如表 4.58 所列。

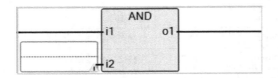

图 4.77　逻辑与指令功能块

表 4.58　逻辑与指令参数列表

参　数	参数类型	数据类型	描　述
i1	Input	BOOL	
i2	Input	BOOL	
o1	Output	BOOL	输入表达式的布尔"与"运算

4.3.12　布尔运算功能块

布尔运算功能块指令具体描述如表 4.59 所列。

表 4.59　布尔运算功能块指令用途

功能块	描　述
MUX4B	与 MUX4 类似,但是能接受布尔类型的输入且能输出布尔类型的值
MUX8B	与 MUX8 类似,但是能接受布尔类型的输入且能输出布尔类型的值
TTABLE	通过输入组合,输出相应的值

（1）4 选 1（MUX4B）

4 选 1 指令实现的是在 4 个布尔类型的数中选择一个并输出,其功能块如图 4.78 所示,参数如表 4.60 所列。

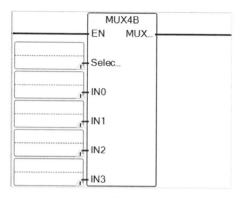

图 4.78   4 选 1 指令功能块

表 4.60   4 选 1 指令参数列表

参　数	参数类型	数据类型	描　述
Selector	Input	USINT	整数值选择器,须为 0～3 中的一值
IN0	Input	BOOL	任意布尔型输入
IN1	Input	BOOL	任意布尔型输入
IN2	Input	BOOL	任意布尔型输入
IN3	Input	BOOL	任意布尔型输入
MUX4B	Output	BOOL	输出为:IN0,如果 Selector＝0;IN1,如果 Selector＝1;IN2,如果 Selector＝2;IN3,如果 Selector＝3;False,如果 Selector 为其他值时

(2) 组合数(TTABLE)

组合数指令通过输入的组合,给出输出值,该功能块有 4 个输入、16 个组合。可以在真值表中找到这些组合,对于每一种组合,都有相应的输出值匹配。输出数的组合形式取决于输入与该功能块函数的联系。组合数指令功能块如图 4.79 所示,参数如表 4.61 所列,输出组合真值如表 4.62 所列。

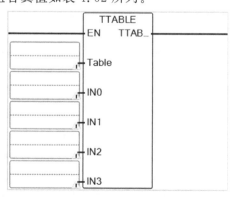

图 4.79   组合数指令功能块

表 4.61　组合数指令参数列表

参　数	参数类型	数据类型	描　述
Table	Input	UINT	布尔函数的真值表
IN0	Input	BOOL	任意布尔型输入值
IN1	Input	BOOL	任意布尔型输入值
IN2	Input	BOOL	任意布尔型输入值
IN3	Input	BOOL	任意布尔型输入值
TTABLE	Output	BOOL	由输入组合而形成的输出值

表 4.62　组合数指令输出真值表

位　数	IN3	IN2	IN1	IN0
1	0	0	0	0
2	0	0	0	1
3	0	0	1	0
4	0	1	1	1
5	0	1	0	1
6	0	1	1	0
7	0	1	1	1
8	1	0	0	0
9	1	0	0	1
10	1	0	1	0
11	1	0	1	1
12	1	1	0	0
13	1	1	0	1
14	1	1	1	0
15	1	1	1	1

　　组合数指令功能块的验证结果如图 4.80 所示，TTABLE 的 Table 输入全局变量 N＝256，表示所要查询的组合数为 256，写成 16 位二进制形式应为 0000 0001 0000 0000，可见只有第 8 位为 1，其余位均为 0。根据组合数指令输出真值表可知，当 IN0～IN3 为 0、0、0、1 时可以查询 Table 输入变量的第 8 位，则设置直接接触开关 input1～input4 状态为 False、False、False、True，使能直接接触开关 start 后，TTA-BLE 输出为 True，OUT_0 对应指示灯将被点亮。若将 input1～input4 的输入状态更改为其他组合，则 TTABLE 输出为 False，OUT_0 对应指示灯不会发光。

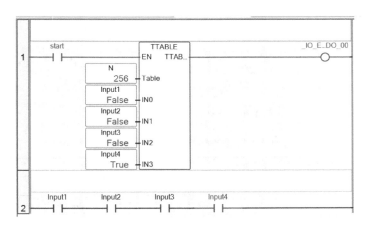

图 4.80 组合数指令功能块验证结果

4.3.13 字符串操作功能块

字符串操作类功能块指令用于转换和编辑字符串,其具体描述如表 4.63 所列。

表 4.63 字符串操作功能块指令用途

功能块	描 述
ASCII(ASCII 码转换)	把字符转换成 ASCII 码
CHAR(字符转换)	把 ASCII 码转换成字符
DELETE(删除)	删除子字符串
FIND(搜索)	搜索子字符串
INSERT(嵌入)	嵌入子字符串
LEFT(左提取)	提取一个字符串的左边部分
MID(中间提取)	提取一个字符串的中间部分
MLEN(字符串长度)	获取字符串长度
REPLACE(替代)	替换子字符串
RIGHT(右提取)	提取一个字符串的右边部分

以下内容将举例介绍字符串操作类功能块各指令。

（1） ASCII 码转换（ASCII）

ASCII 码转换指令能够将字符串里的字符变成 ASCII 码,其功能块如图 4.81 所示,参数如表 4.64 所列。

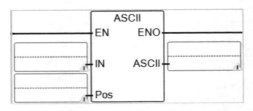

图 4.81　ASCII 码转换指令功能块

表 4.64　ASCII 码转换指令参数列表

参　数	参数类型	数据类型	描　述
IN	Input	STRING	任意非空字符串
Pos	Input	DINT	设置要选择的字符位置 1～len(len 是在 IN 中设置的字符串长度)
ASCII	Output	DINT	被选字符的代码 0～255,若是 0,则 Pos 超出了字符串范围
ENO	Output	BOOL	使能输出

ASCII 码转换指令功能块的验证结果如图 4.82 所示,ASCII 的 IN 输入全局变量 in1＝abcdefg,即为将要转换为 ASCII 码的字符串。ASCII 的 Pos 输入全局变量 N1＝3,表示要转换的字符位置是 3,使能直接接触开关 start 后,ASCII 的输出全局变量 N2＝99,可见 ASCII 码转换指令功能块将输入字符串 abcdefg 中左侧第 3 位的字符 c 转换为了 ASCII 代码 99。

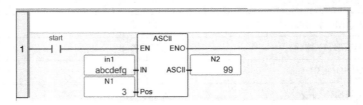

图 4.82　ASCII 码转换指令功能块验证结果

（2）删除（DELETE）

删除指令能够删除字符串中的一部分,其功能块如图 4.83 所示,参数如表 4.65 所列。

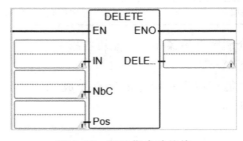

图 4.83　删除指令功能块

表 4.65 删除指令参数列表

参 数	参数类型	数据类型	描 述
IN	Input	STRING	任意非空字符串
NbC	Input	DINT	要删除的字符个数
Pos	Input	DINT	第一个要删除的字符位置(字符串的第一个字符地址是1)
DELETE	Output	STRING	如下情况之一:①已修改的字符串;②空字符串(如果Pos<1);③初始化字符串(如果Pos>IN中输入的字符串长度);④初始化字符串(如果NbC≤0)

(3) 搜索(FIND)

搜索指令能够定位和提供指定字符串在字符串中的位置,其指令块如图 4.84 所示,参数如表 4.66 所列。

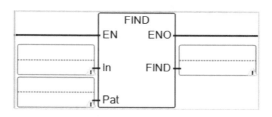

图 4.84 搜索指令功能块

表 4.66 搜索指令参数列表

参 数	参数类型	数据类型	描 述
IN	Input	STRING	任意非空字符串
Pat	Input	STRING	任意非空字符串(样品 Pattern)
FIND	Output	DINT	可能是如下情况:0,没有发现样品子字符串;子字符串 Pat 第一次出现的第一个字符的位置(第一个位置为1)
ENO	Output	BOOL	使能输出

搜索指令功能块的验证结果如图 4.85(a)所示,FIND 的 In 输入全局变量 in1=abcdefg,即为将要被搜索的字符串,Pat 输入全局变量 in2=cef,为要搜索的内容,使能直接接触开关 start 后,FIND 的输出全局变量 N2=0,表示在 abcdefg 中没有搜索到 cef 字符串。如图 4.85(b)所示,若 Pat 输入全局变量 in2=def,FIND 的输出全局变量 N2=4,表示字符串 def 第一次出现时第一个字符 d 的位置是在 abcdefg 中左侧第 4 的位置上。

(4) 左提取(LEFT)

左提取指令用于提取字符串中用户定义的左边的字符个数,其功能块如图 4.86

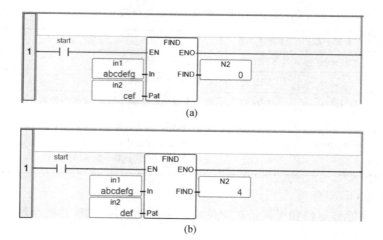

(a)

(b)

图 4.85　搜索指令功能块验证结果

所示,参数如表 4.67 所列。

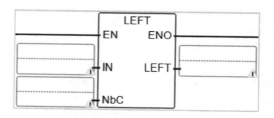

图 4.86　左提取指令功能块

表 4.67　左提取指令参数列表

参　数	参数类型	数据类型	描　述
IN	Input	STRING	任意非空字符串
NbC	Input	DINT	要提取的字符个数,该数不能大于 IN 中输入的字符长度
LEFT	Output	STRING	IN 中输入的字符的左边部分(长度为 NbC 定义的长度),可能为如下情况:如果 NbC≤0,输出空字符串;如果 NbC≥IN,输出完整的 IN 字符串
ENO	Output	BOOL	使能输出

4.3.14　时间功能块

　　时间类功能块指令主要用于确定实时时钟的年限和星期范围,以及计算时间差,其具体描述见表 4.68。需要注意的是,时间类功能块指令需要 Micro850 控制器配置有实时时钟(RTC)模块,并且完成实时时钟设置(RTC_SET)功能块指令配置后,方能正常运行。

表 4.68　时间类功能块指令用途

功能块	描　述
DOY(年份匹配)	如果实时时钟在年设置范围内,则置输出为 True
TDF(时间差)	计算时间差
TOW(星期匹配)	如果实时时钟在星期设置范围内,则置输出为 True

以下内容将举例介绍时间功能类功能块各指令。

年份匹配(DOY)

年份匹配指令功能块有 4 个输入通道,当实时时钟(Real-Time Clock,RTC)的值在 4 个通道中任意一个时钟的年份范围内时,功能块输出为 True;如果没有 RTC,则输出总为 False。该指令功能块如图 4.87 所示,其参数如表 4.69 所列。

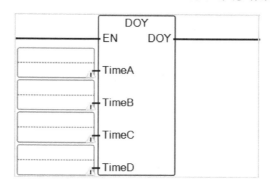

图 4.87　年份匹配指令功能块

表 4.69　年份匹配指令参数列表

参　数	参数类型	数据类型	描　述
TimeA	Input	DOYDATA 见 DOYDATA 数据类型	通道 A 的年份设置
TimeB	Input	DOYDATA 见 DOYDATA 数据类型	通道 B 的年份设置
TimeC	Input	DOYDATA 见 DOYDATA 数据类型	通道 C 的年份设置
TimeD	Input	DOYDATA 见 DOYDATA 数据类型	通道 D 的年份设置
DOY	Output	BOOL	实时时钟(RTC)的值在 4 个通道中任意一个时钟的年份范围内,为 True

DOYDATA 数据类型如表 4.70 所列。

表 4.70　DOYDATA 数据类型

参　数	数据类型	描　述
Enable	BOOL	True：使能；False：无效
YearlyCenturial	BOOL	计时器类型（0：年份计时器；1：世纪计时器）
YearOn	UINT	年的开始值（须在 2 000～2 098 之间）
MonthOn	USINT	月的开始值（须在 1～12 之间）
DayOn	USINT	天的开始值（须在 1～31 之间，且须与 MonthOn 匹配）
YearOff	UINT	年的结束值（须在 2 000～2 098 之间）
MonthOff	USINT	月的结束值（须在 1～12 之间）
DayOff	USINT	天的结束值（须在 1～31 之间，且须与 MonthOn 匹配）

4.3.15　数据转换功能块

数据转换功能块指令主要用于将源数据类型转换为目标数据类型，在对整型、时间类型、字符串类型的数据进行转换时有限制条件，使用时须注意。该类功能块各指令具体描述如表 4.71 所列。

表 4.71　数据转换功能块指令用途

功能块	描　述
ANY_TO_BOOL（布尔转换）	转换为布尔型变量
ANY_TO_BYTE（字节转换）	转换为字节型变量
ANY_TO_DATE（日期转换）	转换为日期型变量
ANY_TO_DINT（双整型转换）	转换为双整型变量
ANY_TO_DWORD（双字转换）	转换为双字型变量
ANY_TO_INT（整型转换）	转换为整型变量
ANY_TO_LINT（长整型转换）	转换为长整型变量
ANY_TO_LREAL（长实型转换）	转换为长实型变量
ANY_TO_LWORD（长字转换）	转换为长字型变量
ANY_TO_REAL（实型转换）	转换为实数型变量
ANY_TO_SINT（短整型转换）	转换为短整型变量
ANY_TO_STRING（字符串转换）	转换为字符串型变量
ANY_TO_TIME（时间转换）	转换为时间型变量
ANY_TO_UDINT（无符号双整型转换）	转换为无符号双整型变量
ANY_TO_UINT（无符号整型转换）	转换为无符号整型变量
ANY_TO_ULINT（无符号长整型转换）	转换为无符号长整型变量
ANY_TO_USINT（无符号短整型转换）	转换为无符号短整型变量
ANY_TO_WORD（字转换）	转换为字型变量

以下内容将举例说明对该类功能块应用。

（1）布尔转换（ANY_TO_BOOL）

布尔转换指令用于将变量转换成布尔变量，其功能块如图 4.88 所示，参数如表 4.72 所列。

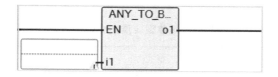

图 4.88　布尔转换指令功能块

表 4.72　布尔转换指令参数列表

参　数	参数类型	数据类型	描　述
i1	Input	SINT-USINT-BYTE-INT-UINT-WORD-DINT-UDINT-DWORD-LINT-ULINT-LWORD-REAL-LREAL-TIME-DATE-STRING	任何非布尔值
o1	Output	BOOL	可能的情况：对于非零数量值，为 True；对于零数量值，为 False；对于一个 True 字符串而言，为 True；对于一个非 True 字符串而言，为 False

布尔转换指令功能块的验证结果如图 4.89 所示，当使用 ANY_TO_BOOL 指令块将 STRING 型变量转换为 BOOL 型变量时，注意只有字符串为"True"时，BOOL 型输出才为 True；其余非 True 字符串，BOOL 型输出为 False。

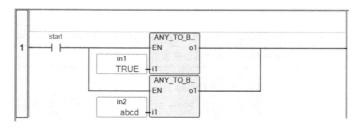

图 4.89　布尔转换指令功能块验证结果

（2）短整型转换（ANY_TO_SINT）

短整型转换指令用于将输入变量转换为 8 位短整型变量，其功能块如图 4.90 所示，参数如表 4.73 所列。

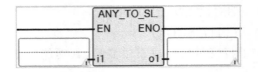

图 4.90   短整型转换指令功能块

表 4.73   短整型转换指令参数列表

参　数	参数类型	数据类型	描　述
i1	Input	非短整型	任何非短整型值
o1	Output	SINT	短整型值
ENO	Output	BOOL	使能信号输出

（3）时间转换（ANY_TO_TIME）

时间转换指令用于将输入变量（除了时间和日期变量）转换为时间变量，其功能块如图 4.91 所示，参数如表 4.74 所列。

图 4.91   时间转换指令功能块

表 4.74   时间转换指令参数列表

参　数	参数类型	数据类型	描　述
i1	Input	见描述	任何非时间和日期变量。IN（当 IN 为实数时，取其整数部分）是以毫秒为单位的数。STRING 为毫秒数（例如 300032 代表 5 min 32 ms）
o1	Output	TIME	代表 IN 的时间值，1 193 h 2 m 47 s 295 ms 表示无效输入
ENO	Output	BOOL	使能信号输出

（4）字符串转换（ANY_TO_STRING）

字符串转换指令用于将输入变量转换为字符串变量，其功能块如图 4.92 所示，参数如表 4.75 所列。

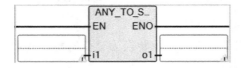

图 4.92   字符串转换指令功能块

表 4.75   字符串转换指令参数列表

参　数	参数类型	数据类型	描　述
i1	Input	见描述	任何非字符串变量
o1	Output	STRING	如果 IN 为布尔变量,则为 False 或 True;如果 IN 是整数或实数变量,则为小数;如果 IN 为 TIME 值,可能为:TIME time1;STRING s1;time1;= 13ms;s1;= ANY ＿ TO ＿ STRING(time1);(＊s1='0s13'＊)
ENO	Output	BOOL	使能信号输出

4.3.16　比较功能块

比较功能块主要用于对数据之间进行大小、等于的比较,是编程中一种简单有效的指令。其用途描述如表 4.76 所列。

表 4.76   比较功能块指令用途

功能块	描　述
Equal(等于)	比较两数是否相等
Greater Than(大于)	比较两数是否一个大于另一个
Greater Than or Equal(大于或等于)	比较两数是否其中一个大于或等于另一个
Less Than(小于)	比较两数是否一个小于另一个
Less Than or Equal(小于或等于)	比较两数是否其中一个小于等于另一个

以下内容将举例说明该类功能块的具体应用。

等于功能块对整型、实数、时间型、日期型和字符串型输入变量进行比较,比较第一个输入和第二个输入,并判断是否相等。该功能块如图 4.93 所示,其参数如表 4.77 所列。

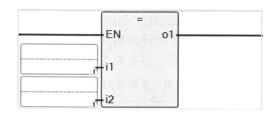

图 4.93　等于指令功能块

其他功能块与等于功能块的功能和用法类似,在此省略。

表 4.77 等于指令参数列表

参　数	参数类型	数据类型	描　述
i1	Input	BOOL-SINT-USINT-BYTE-INT-UINT-WORD-DINT-DWORD-LINT-ULINT-LWORD-REAL-LREAL-TIME-DATE-STRING	两个输入必须有相同的数据类型。TIME 类型输入只在 ST 和 IL 编程中使用。布尔输入不能在 IL 编程中使用
i2	Input		
o1	Output	BOOL	当 i1＝i2 时，为 True

4.3.17　通信功能块

通信类功能块主要负责与外部设备通信以及将自身各部件之间联系起来。该类功能块的主要指令描述如表 4.78 所列。

表 4.78　通信类功能块指令

功能块	描　述
ABL（测试缓冲区数据列）	统计缓冲区中的字符个数（直到并且包括结束字符）
ACB（缓冲区字符数）	统计缓冲区中的总字符个数（不包括终止字符）
ACL（ASCII 清除缓存寄存器）	清除接收，传输缓冲区内容
AHL（ASCII 握手数据列）	设置或重置调制解调器的握手信号，ASCII 握手数据列
ARD（ASCII 字符读）	从输入缓冲区中读取字符并把它们放入某个字符串中
ARL（ASCII 数据列读）	从输入缓冲区中读取一行字符并把它们放入某个字符串中，包括终止字符
AWA（ASCII 带附加字符写）	写一个带用户配置字符的字符串到外部设备中
AWT（ASCII 字符写出）	从源字符串中写一个字符到外部设备中
MSG_MODBUS（网络通信协议信息传输）	发送 Modbus 信息

以下内容将主要介绍 ABL、ACL、AHL、ARD、AWA、MSG_MODBUS 这几种指令。

（1）测试缓冲区数据列（ABL ASCII Test For Line）

测试缓冲区数据列指令可以用于统计在输入缓冲区里的字符个数（直到并且包括结束字符），其功能块如图 4.94 所示，参数如表 4.79 所列。

表 4.79　测试缓冲区数据列指令参数列表

参　数	参数类型	数据类型	描　述
IN	Input	BOOL	如果是上升沿（IN 由 False 变为 True），执行统计
ABLInput	Input	ABLACB（见 ABLACB 数据类型）	将要执行统计的通道

参　数	参数类型	数据类型	描　述
Q	Output	BOOL	False:统计指令不执行;True:统计指令已执行
Characters	Output	UINT	字符的个数
Error	Output	BOOL	False:无错误;True:检测到一个错误
ErrorID	Output	UINT	见 ABL 错误代码

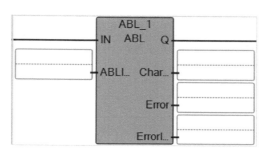

图 4.94　测试缓冲区数据列指令功能块

ABLACB 数据类型如表 4.80 所列。

表 4.80　ABLACB 数据类型

参　数	数据类型	描　述
Channel	UINT	串口通道号:2 代表本地的串行通信口。5~9 代表安装在插槽 1~5 的嵌入式模块串行通道口——5 表示在插槽 1;6 表示在插槽 2;7 表示在插槽 3;8 表示在插槽 4;9 表示在插槽 5
TriggerType	USINT（无符号短整型）	代表以下情况中的一种:0——Msg 触发一次(当 IN 从 False 变为 True);1——Msg 持续触发,即 IN 一直为 True;其他值——保留
Cancel	BOOL	当该输入被置为 True 时,统计指令不执行

ABL 错误代码如表 4.81 所列。

表 4.81　ABL 错误代码

错误代码	描　述
0x02	由于数据模式离线,操作无法完成
0x03	由于准备传输信号(Clear-to-send)丢失,导致传送无法完成
0x04	由于通信通道被设置为系统模式,导致 ASCII 码接收无法完成
0x05	当尝试完成一个 ASCII 码传送时,检测到系统模式(DFI)通信
0x06	检测到不合理参数
0x07	由于通过通道配置对话框停止了通道配置,导致不能完成 ASCII 码的发送或接收

错误代码	描 述
0x08	由于一个 ASCII 码传送正在执行,导致不能完成 ASCII 码写入
0x09	现行通道配置不支持 ASCII 码通信请求
0x0a	取消(Cancel)操作被设置,所以停止执行指令,没有要求动作
0x0b	要求的字符串长度无效或者是一个负数,或者大于 82 或 0。在功能块 ARD 和 ARL 中也一样
0x0c	源字符串的长度无效或者是一个负数,或者大于 82 或 0。对于 AWA 和 AWT 指令也一样
0x0d	在控制块中要求的数是一个负数或者是一个大于存储于源字符串中字符串长度的数。对于 AWA 和 AWT 指令也一样
0x0e	ACL 功能块被停止
0x0f	通道配置改变

(2) ASCII 清除缓存寄存器(ACL ASCII Clear Buffers)

ASCII 清除缓存寄存器指令功能块用于清除缓冲区里接收和传输的数据,也可以用于移除 ASCII 队列里的指令。该功能块如图 4.95 所示,其参数如表 4.82 所列。

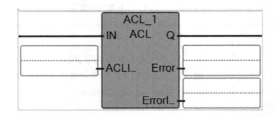

图 4.95 ASCII 清除缓存寄存器指令功能块

表 4.82 ASCII 清除缓存寄存器指令参数列表

参 数	参数类型	数据类型	描 述
IN	Input	BOOL	如果是上升沿(IN 由 False 变为 True),执行该功能块
ACLInput	Input	ACL(见 ACL 数据类型)	传送和接收缓冲区的状态
Q	Output	BOOL	False:该功能块不执行;True:该功能块已执行
Error	Output	BOOL	False:无错误;True:检测到一个错误
ErrorID	Output	UINT	见 ABL 错误代码

ACL 数据类型见表 4.83。

表 4.83   ACL 数据类型

参　数	数据类型	描　述
Channel	UINT	串行通道号:2 代表本地的串行通道口。5~9 代表安装在插槽 1~5 的嵌入式模块串行通道口——5 表示在插槽 1;6 表示在插槽 2;7 表示在插槽 3;8 表示在插槽 4;9 表示在插槽 5
RXBuffer	BOOL	当置为 True 时,清除接收缓冲区里的内容,并把接收的 ASCII 功能块指令(ARL 和 ARD)从 ASCII 队列中移除
TXBuffer	BOOL	当置为 True 时,清除传送缓冲区里的内容,并把传送的 ASCII 功能块指令(AWA 和 AWT)从 ASCII 队列中移除

（3）ASCII 握手数据列（AHL ASCII Handshake Lines）

ASCII 握手数据列指令功能块可以用于设置或重置 RS-232 请求发送（Request to Send,RTS）握手信号控制行。该功能块如图 4.96 所示,其参数如表 4.84 所列。

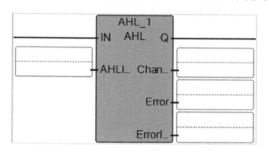

图 4.96   ASCII 握手数据列指令功能块

表 4.84   ASCII 握手数据列指令参数列表

参　数	参数类型	数据类型	描　述
IN	Input	BOOL	如果是上升沿(IN 由 False 变为 True),执行该功能块
AHLInput	Input	AHL(见 AHLI 数据类型)	设置或重置当前模式的 RTS 控制字
Q	Output	BOOL	False:该功能块不执行;True:该功能块已执行
ChannelSts	Output	WORD(见 AHL Channel-Sts 数据类型)	显示当前通道规定的握手行的状态(0000~001F)
Error	Output	BOOL	False:无错误;True:检测到一个错误
ErrorID	Output	UINT	见 ABL 错误代码

AHLI 数据类型如表 4.85 所列。

表 4.85　AHLI 数据类型

参　数	数据类型	描　述
Channel	UINT	串行通道号；2 代表本地的串行通道口。5～9 代表安装在插槽 1～5 的嵌入式模块串行通道口——5 表示在插槽 1；6 表示在插槽 2；7 表示在插槽 3；8 表示在插槽 4；9 表示在插槽 5
ClrRts	BOOL	用于重置 RTS 控制字
SetRts	BOOL	用于设置 RTS 控制字
Cancel	BOOL	当输入为 True 时，该功能块不执行

AHL ChannelSts 数据类型如表 4.86 所列。

表 4.86　AHL ChannelSts 数据类型

参　数	数据类型	描　述
DTRstatus	UINT	用于 DTR 信号（保留）
DCDstatus	UINT	用于 DCD 信号（控制字的第 3 位），1 表示激活
DSRstatus	UINT	用于 DSR 信号（保留）
RTSstatus	UINT	用于 RTS 信号（控制字的第 1 位），1 表示激活
CTSstatus	UINT	用于 CTS 信号（控制字的第 0 位），1 表示激活

（4）读 ASCII 字符（ARD ASCII Read）

读 ASCII 字符指令功能块用于从缓冲区中读取字符，并把字符存入一个字符串中。该功能块如图 4.97 所示，其参数如表 4.87 所列。

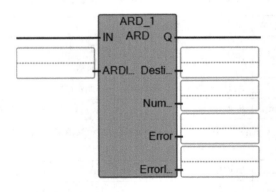

图 4.97　读 ASCII 字符指令功能块

表 4.87　读 ASCII 字符指令参数列表

参　　数	参数类型	数据类型	描　　述
IN	Input	BOOL	如果是上升沿(IN 由 False 变为 True),执行该功能块
ARDInput	Input	ARDARL（见 AR-DARL 数据类型）	从缓冲区中读取字符,最多 82 个
Done	Output	BOOL	False:该功能块不执行;True:该功能块已执行
Destination	Output	ASCIILOC	存储字符的字符串位置
NumChar	Output	UINT	字符个数
Error	Output	BOOL	False:无错误;True:检测到一个错误
ErrorID	Output	UINT	见 ABL 错误代码

ARDARL 数据类型如表 4.88 所列。

表 4.88　ARDARL 数据类型

参　　数	数据类型	描　　述
Channel	UINT	串行通道号:2 代表本地的串行通道口。5～9 代表安装在插槽 1～5 的嵌入式模块串行通道口——5 表示在插槽 1;6 表示在插槽 2;7 表示在插槽 3;8 表示在插槽 4;9 表示在插槽 5
Length	UINT	希望从缓冲区里读取的字符个数(最多 82 个)
Cancel	BOOL	当输入为 True 时,该功能块不执行,如果正在执行,则操作停止

（5）写 ASCII 带附件字符(AWA ASCII Wrtie Append)

写 ASCII 带附件字符指令功能块用于从源字符串向外部设备写入字符。且该指令附加在设置对话框里设置的两个字符。该功能块如图 4.98 所示,其参数如表 4.89 所列。

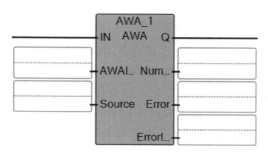

图 4.98　写 ASCII 带附件字符指令功能块

表 4.89　写 ASCII 带附件字符指令参数列表

参　数	参数类型	数据类型	描　述
IN	Input	BOOL	如果是上升沿(IN 由 False 变为 True),执行该功能块
AWAInput	Input	AWAAWT(见 AWAAWT 数据类型)	将要操作的通道和长度
Source	Input	ASCIILOC	源字符串,字符阵列
Q	Output	BOOL	False:该功能块不执行;True:该功能块已执行
NumChar	Output	UINT	字符个数
Error	Output	BOOL	False:无错误;True:检测到一个错误
ErrorID	Output	UINT	见 ABL 错误代码

AWAAWT 数据类型如表 4.90 所列。

表 4.90　AWAAWT 数据类型

参　数	数据类型	描　述
Channel	UINT	串行通道号:2 代表本地的串行通道口。5~9 代表安装在插槽 1~5 的嵌入式模块串行通道口——5 表示在插槽 1;6 表示在插槽 2;7 表示在插槽 3;8 表示在插槽 4;9 表示在插槽 5
Length	UINT	希望写入缓冲区里的字符个数(最多 82 个)。提示:如果设置为 0,AWA 将会传送 0 个用户数据字节和 2 个附加字符到缓冲区
Cancel	BOOL	当输入为 True 时,该功能块不执行,如果正在执行,则操作停止

4.4　自定义功能块

4.4.1　自定义功能块的创建

Micro800 控制器的一个突出特点就是在用梯形图语言编写程序的过程中,可以将经常重复使用的功能编写成功能块,需要重复使用的时候直接调用该功能块即可,无须重复编写程序。这样就给程序开发人员提供了极大的便利,节省时间的同时也节省了精力。功能块的编写步骤与编写主程序的步骤基本一致。

在项目管理中,选择用户自定义功能块图标,右击鼠标,选择新建一个梯形图程序,如图 4.99 所示。

新建梯形图的名称默认为 FB1,右击鼠标,选择重命名,可以给梯形图定义相应的名字。双击打开梯形图后可以编写功能块所需要的程序,梯形图的下方为变量列表,这里的变量为本地变量,只能在当前功能块中使用。这样一个功能块程序的建立

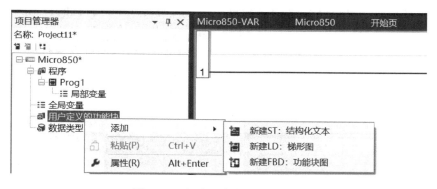

图 4.99　新建用户自定义梯形图

就完成了,然后在梯形图中编写所要实现的功能。完成后,功能块可以在主程序中直接使用。下面以将计时器功能块应用例子中的周期性通断控制程序转换为周期性通断功能块为例,介绍自定义功能块的编程过程。

所要编写的周期性通断功能块应完成的功能如计时器功能块应用例子中所示,即输出一个"True+False"总时间可调,且总时间内 True 与 False 时间比例可调的 BOOL 型输出信号。首先把新建梯形图命名为周期性通断功能块"ON_OFF_CONTROL_FB",如图 4.100 所示。

图 4.100　新建周期性通断功能块

创建一个新的功能块,首先要确定完成此功能块所需要的输入和输出变量。在项目管理器中的本地变量中创建这些输入、输出变量,在新建功能块的下方,双击本地变量图标,打开如图 4.101 所示中的创建变量界面。

名称	别名	数据类型	方向	维度	初始值	注释	字符串大小

图 4.101　创建本地变量

本处要编写的周期性通断功能块需要两个 Time 型输入,分别代表周期性通断"True+False"的总时间和一个周期内 True 的时间;需要一个 BOOL 型输出,用于输出周期性通断信号。

周期性通断功能块变量定义结果如图 4.102 所示,PERIOD 和 TIME_ON 分别代表周期性通断"True＋False"的总时间和一个周期内 True 的时间,方向为 VarInput;ON_OFF_CONTROL 代表周期性通断信号输出,方向为 VarOutput。此外,在变量列表中除了可以定义变量的数据类型和变量方向以外,还可以执行改变变量的维度、字符串大小和初始值等操作。完成功能块变量定义后,即可开始编写功能块的内部程序,周期性通断功能块程序与计时器功能块应用例子中的程序类似,如图 4.103 所示。

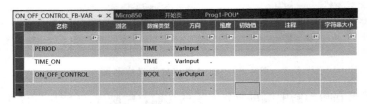

图 4.102　周期性通断功能块变量定义

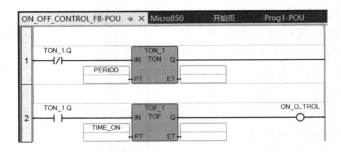

图 4.103　周期性通断功能块程序

周期性通断功能块程序编写完成后,在项目管理器中右击 ON_OFF_CONTROL_FB 图标,选择生成,可以对编写好的程序进行编译,如果程序没有错误,单击"保存"按钮即可保存。如果程序中出现错误,在输出窗口中将出现提示信息,提示程序编译出现错误,同时会弹出错误列表,错误列表中会指出错误在程序中的位置。双击错误信息行,可以跳转到程序的错误位置,即可对错误的程序做出修改。然后,再次对程序进行编译,程序编译无误后单击"保存"按钮即可。

4.4.2　自定义功能块的使用

4.4.1 小节介绍了如何编写周期性通断功能块,本节来介绍如何在主程序中使用自定义功能块。

(1)首先在项目管理器窗口中创建一个梯形图程序,右击程序图标,选择新建梯形图程序。

(2)创建新程序以后,打开编辑界面,在工具箱里选择指令块并拖拽到程序梯级中。如图 4.104 所示,双击指令块,在指令块选择器中搜索并选择自定义功能块 ON_OFF_CONTROL。

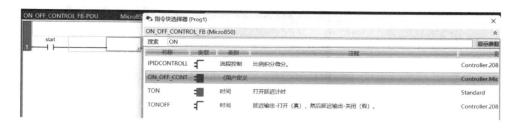

图 4.104 搜索并选择自定义功能块

（3）如图 4.105 所示，在梯形图程序中添加正向接触开关 start 和直接线圈_IO_EM_DO_00，并将 ON_OFF_CONTROL 功能块输入参数 PERIOD 设定为 1 s，TIME_ON 设定为 800 ms，至此完成周期性通断控制程序的构建。

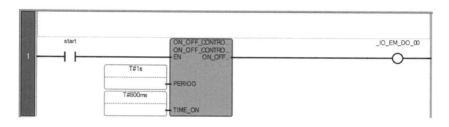

图 4.105 基于自定义功能块的周期性通断控制程序

（4）将周期性通断控制程序进行编译并下载到 Micro850 中，在使能正向接触开关 start 后，会发现 OUT_0 对应的指示灯将处于 800 ms 亮、200 ms 灭的循环"亮灭"状态，该现象与计时器功能块应用例子中的一致。

4.4.3 导出/导入用户自定义功能块

（1）导出用户自定义功能块

为了在本工程以外的梯形图程序中使用 4.4.2 小节自定义的 ON_OFF_CON-TROL_FB 功能块，需要对其执行导出、导入操作。接下来将演示如何导出一个用户自定义功能块，并且将其导入其他工程当中。

如图 4.106 所示，右击项目管理中的 ON_OFF_CONTROL_FB 图标，单击"导出"选项，并在弹出菜单中单击"导出程序"。

如图 4.107 所示，在接下来的"导入导出"界面内，可以为自定义功能块设置密码，或者直接单击"导出"按钮跳过密码设置，将 ON_OFF_CONTROL_FB.7z 文件保存在一个自定义位置上，以便在后续导入自定义功能块时使用。

（2）导入用户自定义功能块

完成导出功能块操作后，打开另外一个工程文件，会发现在指令块选择器中无法

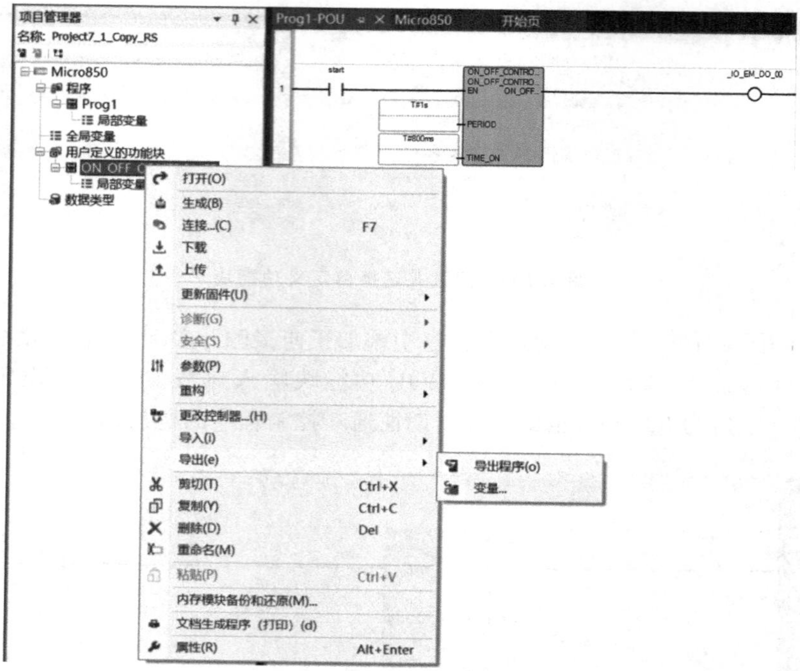

图 4.106　导出功能块

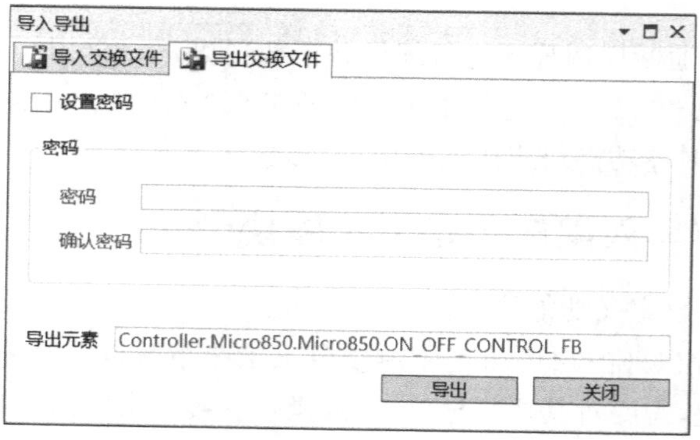

图 4.107　“导入导出”界面

搜索到所自定义的 ON_OFF_CONTROL_FB 功能块，如图 4.108 所示。

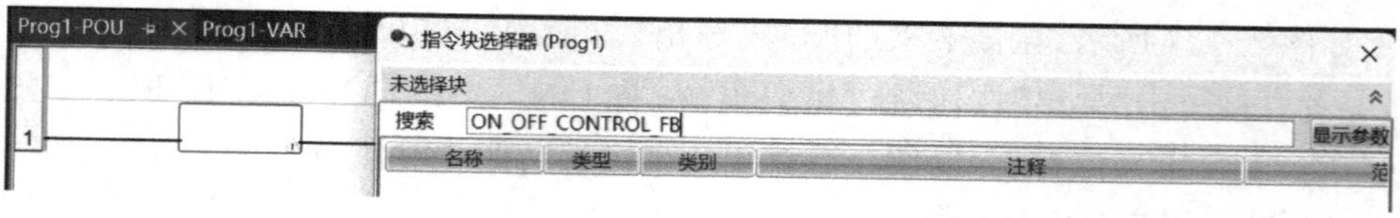

图 4.108　未导入功能块前的搜索结果

如图 4.109 所示,右击项目管理器中的 Micro850 图标,单击"导入"选项,并在弹出菜单中单击"导入交换文件",随后选择上文所述导出的 ON_OFF_CONTROL_FB.7z 文件。

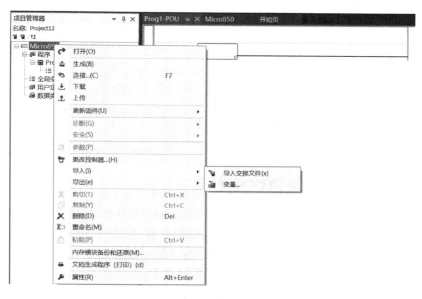

图 4.109　功能块导入

完成导入操作后,项目管理器菜单中用户定义的功能块图标下会出现刚刚导入的 ON_OFF_CONTROL_FB 功能块,如图 4.110(a)所示。再次在指令块选择器中搜索相应功能块,会发现自定义功能块已经成功导入指令块库,如图 4.110(b)所示。

(a)

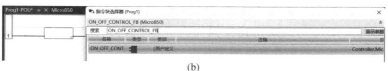

(b)

图 4.110　导入功能块后的搜索结果

第5章

变频器程序设计

5.1 变频器软件配置 IP 方法

5.1.1 变频器固件刷新软件下载

PowerFlex 525 变频器提供了一个与计算机连接的 USB 端口,用于更新驱动固件或上传/下载配置参数,因此进行操作前,先将变频器 USB 端口通过 USB 线与计算机连接起来。需要注意的是,变频器 USB 端口位于前操作面板后部,如图 5.1 所示,连接时需将 PowerFlex 525 的前操作面板拆卸下来。

图 5.1 变频器 USB 端口连接示意图

连接成功后,计算机中出现可移动磁盘,双击进入会发现磁盘内有"GUIDE.PDF"和"PF52XUSB. EXE"两个文件。"GUIDE. PDF"文件包含相关产品文档及软件下载链接;"PF52XUSB. EXE"用于固件刷新或上传/下载组态参数。复制以上两个文件后,重新将变频器前操作面板安装回原位。

5.1.2 变频器项目的创建

打开 CCW 软件,在设备工具箱中驱动器文件下,双击 HOTS 系统实验平台下使用的 PowerFlex 525 型变频器图标,如图 5.2 所示。

图 5.2 变频器选择界面

　　成功选择变频器后,左侧项目管理器窗口中即会出现变频器图标,名称为 PowerFlex 525_1;双击该图标,则中间工作区中即出现 PowerFlex 525 型变频器外观图片及相关设置选项,如图 5.3 所示。

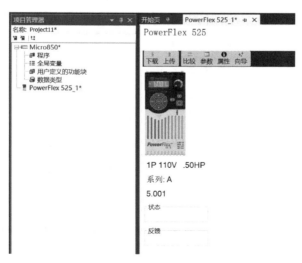

图 5.3 PowerFlex 525 型变频器设置界面

5.1.3 连接变频器前启动向导设置

单击中间工作区上方的向导图标,则弹出如图 5.4 所示的可用向导对话框,选择启动向导下的 PowerFlex 525 启动向导选项后,单击"选择",进入如图 5.5 所示的 PowerFlex 525 启动向导欢迎界面。

图 5.4 PowerFlex 525 可用向导对话框

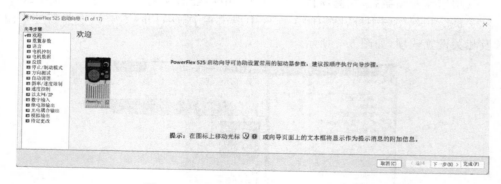

图 5.5 PowerFlex 525 启动向导欢迎界面

需要注意的是,启动向导是将中间工作区中"参数"选项内的 PowerFlex 525 参数按功能、作用分类整理后向用户展示的。用户可以根据启动向导的提示依次完成变频器参数设置,也可以依照具体需求,直接在"参数"选项内进行修改,如图 5.6 所示,可以直接修改参数 129~140 完成变频器 IP 地址配置,从而跳过启动向导中的其他设置。

按启动向导提示进行配置的步骤如下。

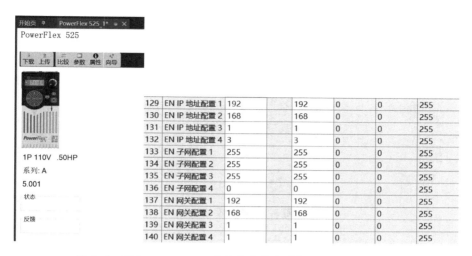

图 5.6　在 PowerFlex 525 参数中直接查看与修改 IP 地址配置

129	EN IP 地址配置 1	192	192	0	0	255
130	EN IP 地址配置 2	168	168	0	0	255
131	EN IP 地址配置 3	1	1	0	0	255
132	EN IP 地址配置 4	3	3	0	0	255
133	EN 子网配置 1	255	255	0	0	255
134	EN 子网配置 2	255	255	0	0	255
135	EN 子网配置 3	255	255	0	0	255
136	EN 子网配置 4	0	0	0	0	255
137	EN 网关配置 1	192	192	0	0	255
138	EN 网关配置 2	168	168	0	0	255
139	EN 网关配置 3	1	1	0	0	255
140	EN 网关配置 4	3	3	0	0	255

（1）重置参数

在 PowerFlex 525 启动向导欢迎界面中单击"下一步"，即弹出重置参数界面，此时变频器还未与 Micro850 控制器建立网络连接，重置参数界面如图 5.7 所示。

图 5.7　重置参数界面

（2）语　言

在 PowerFlex 525 启动向导语言界面中，可以更改驱动器中的语言设置，如图 5.8 所示，选择相应语言类型后，单击界面下方的"下一步"。

（3）电机控制

PowerFlex 525 启动向导的电机控制界面如图 5.9 所示，在该界面中可以设置电机的力矩特性模式，下拉菜单中各个选项代表的控制方式为：V/Hz——压频比控制；SVC——无速度传感器矢量控制；节约——全程为 SVC 节约，具有节能模式的无速度传感器矢量控制；矢量——速度闭环矢量控制；PM 电机——永磁同步电机控制。

其中 V/Hz（压频比控制）又称 V/f 控制，其基本特点是对变频器输出的电压和

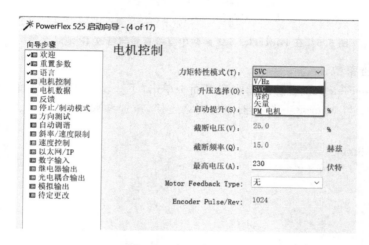

图 5.8　语言设置界面

图 5.9　电机控制界面

频率 f 同时进行控制。在额定频率下，通过保持 V/f 恒定使电动机获得所需的转矩特性。这种方式的控制电路和控制方法简单，多用于对精度要求不高的控制场合。

矢量控制的基本思想是将异步电动机的定子电流分解为产生磁场的电流分量（励磁电流）和与其相垂直的产生转矩的电流分量（转矩电流），并分别加以控制。由于在这种控制方式中必须同时控制异步电动机定子电流的幅值和相位，即控制定子电流矢量，因此，这种控制方式被称为矢量控制。

此外，在电机控制界面中还可以设置升压选择、启动提升、截断电压、阶段频率、最高电压、Motor Feedback Type 和 Encoder Pulse/Rev 等参数。

（4）电机数据

如图 5.10 所示，在 PowerFlex 525 启动向导电机数据界面中，可以根据变频器所要控制的电机铭牌，分别设置电机的额定电压、额定工作频率、电机过载电流、满负荷安培数（额定电流）、电机额定极数、电机额定转速、电机额定功率选项。其中，

HOTS 系统实验平台使用的三相交流电机参数为:电机 NP 电压(额定电压)——220伏特;电机 NP 赫兹(额定工作频率)——50 赫兹;电机过载电流——0.3 安培;电机NP FLA(额定电流)——0.2 安培;电机额定极数——4;电机额定转速——1250 转/分钟;电机额定功率——0.015 千瓦。

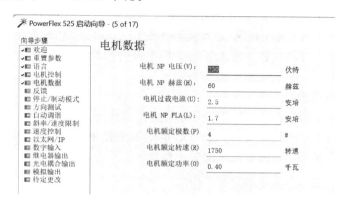

图 5.10　电机数据界面

（5）反　馈

在 PowerFlex 525 启动向导反馈界面中,如图 5.11 所示,可以对安装的速度传感器设置电机反馈类型,下拉菜单中各个选项的含义如下所列:

无——未使用编码器,不可用于定位;

脉冲序列——是一个单通道输入,无方向,只有速度反馈,不可用于定位;

单通道——是一个单通道输入,无方向,只有速度反馈,不可用于定位,与脉冲序列的不同之处在于,单通道使用标准编码器标定参数;

单个检查——是一个带有编码器信号丢失检测功能的单通道输入,如果检测到

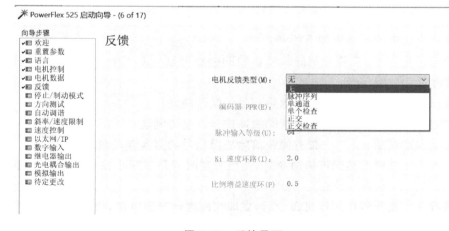

图 5.11　反馈界面

输入脉冲与期望的电机转速不匹配,该变频器将会产生故障,不可用于定位;

正交——是双通道编码器输入,带有编码器方向和速度,可用于定位控制;

正交检查——是带有编码器信号丢失检测功能的双通道编码器,如果检测到编码器速度与期望的电机转速不匹配,变频器将出现故障。

此外,在 PowerFlex 525 启动向导反馈界面中还可以设置编码器 PPR(每圈脉冲数)、脉冲输入等级、Ki 速度环路(速度闭环中的积分系数)、比例增益速度环(速度闭环中的比例系数)。其中,脉冲输入等级是用于设置脉冲输入的增益系数,不会影响输入脉冲的频率。

(6) 停止/制动模式

在 PowerFlex 525 启动向导停止/制动模式界面中,如图 5.12 所示,可以设置 DB 电阻器选择和停止模式两项参数。DB 电阻器选择中的可选项包括已禁用、标准 RA 分辨率、无保护和 3%占空比～99%占空比。

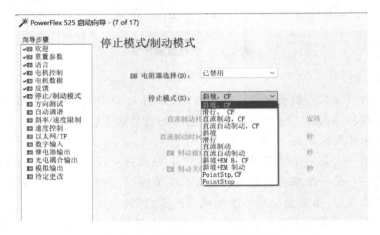

图 5.12 停止模式/制动模式界面

停止模式中的可选项如下所列:

斜坡,CF——带有停止清除故障信号的斜坡制动,CF(Clear Fault)表示停止命令将清除活动故障信号;

滑行,CF——带有停止清除故障信号的惯性制动;

直流制动,CF——带有停止清除故障信号的直流制动;

直流自动制动,CF——带有停止清除故障信号的直流自动制动;

斜坡——变频器接到停机命令后,按照减速时间逐步减小输出频率,频率降为 0 后停机;

滑行——变频器接到停机命令后,立即切断电动机的电源,负载按照机械惯性自由停止;

直流制动——变频器接到停机命令后,强制向电动机绕组通入直流电,使电机自身实现能耗制动；

直流自动制动——带自动关闭功能的直流制动，以"直流制动时间"设定值执行直流制动，如果变频器检测到电机已停止，变频器则将关闭；

斜坡＋EM B,CF——带有停止清除故障信号的"斜坡＋EM"制动；

斜坡＋EM 制动——带机电制动控制的斜坡停机；

PointSTP,CF——带有停止清除故障信号的恒定距离制动；

PointStop——恒定距离制动，与前面几种固定速率的制动方式有所不同。

（7）方向测试

PowerFlex 525 启动向导方向测试只能在变频器在线的情况下进行，在此步骤中变频器还未与 Micro850 控制器建立网络连接，如图 5.13 所示。

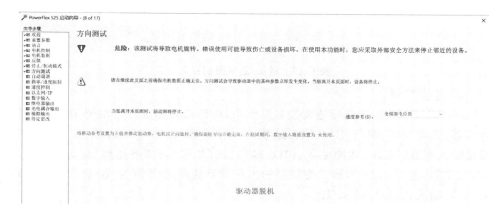

图 5.13　方向测试界面

（8）自动调谐

PowerFlex 525 启动向导自动调谐也只能在变频器在线的情况下进行，在此步骤中变频器还未与 Micro850 控制器建立网络连接，如图 5.14 所示。

图 5.14　自动调谐界面

（9）斜率/速度限制

PowerFlex 525 启动向导斜率/转速限制界面中,可以设置最大频率和最小频率,如图 5.15 所示。在该界面中还可以设置是否启动反向操作,这是因为在某些系统中,电动机是不能反向转动的,例如皮带等。

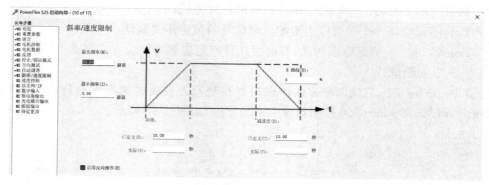

图 5.15 斜率/速度限制界面

（10）速度控制

PowerFlex 525 启动向导速度控制界面中,可以设置速度参考的来源,包括变频器电位器、键盘频率、串行/DSI、网络选项、0—10V 输入、4—20mA 输入、预设频率、模拟量输入乘数、MOP、脉冲输入、PID1 输出、PID2 输出、步进逻辑、编码器、Ether-Net/IP、定位,如图 5.16 所示。变频器的出厂默认速度参考值为:①变频器电位器;②0—10V 输入;③EtherNet/IP。

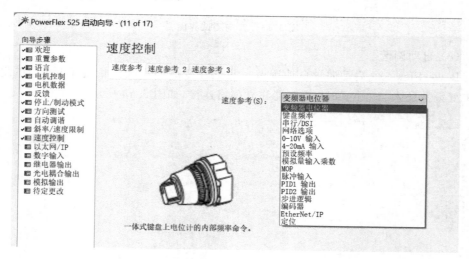

图 5.16 速度控制界面

（11）以太网/IP

在 PowerFlex525 启动向导以太网/IP 界面中,可以对变频器的以太网/IP 进行设置。按照 HOTS 系统实验平台下 IP 地址分配原则，PowerFlex525 的 IP 地址设置如图 5.17 所示。

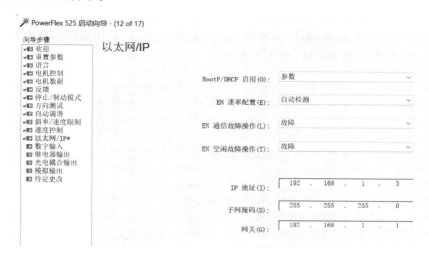

图 5.17　以太网/IP 界面

（12）数字输入

PowerFlex 525 启动向导数字输入界面中，可以设置停止模式、启动源、开关量输入接线端子和预设频率，可根据系统的实际情况进行设置，如图 5.18 所示。

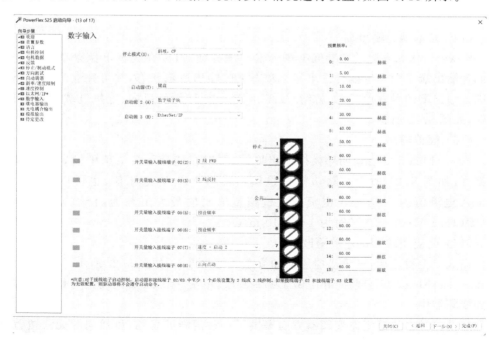

图 5.18　数字输入界面

（13）继电器输出

PowerFlex 525 启动向导继电器输出界面，可以在继电器 1N. O.（继电器 1 常开触点）和继电器 2N. C.（继电器 2 常闭触点）的函数下拉菜单中选择就绪/故障、频率、电机运行、反向、电机过载、斜坡调节器等多种触发形式，同时还可以设置继电器动作的级别、打开时间、关断时间，如图 5.19 所示。

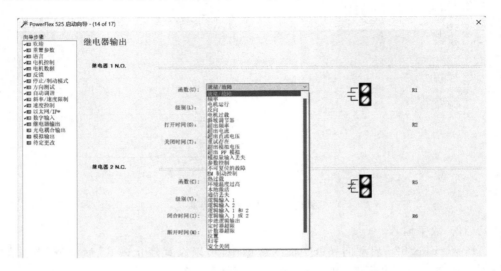

图 5. 19　继电器输出界面

（14）光电耦合输出端

PowerFlex 525 启动向导光电耦合输出端界面，可以在逻辑下拉菜单中设置光电耦合输出端 1 和光电耦合输出端 2 常态下的输出逻辑状态，并可独立配置两个光电耦合输出端的触发形式，如就绪/故障、频率、电机运行、反向、电机过载、斜坡调节器等，如图 5.20 所示。

（15）模拟输出

PowerFlex 525 启动向导模拟输出界面，可以在选择下拉菜单中设置模拟输出的类型，如图 5.21 所示。默认模拟量输出为 0～10 V 电压值，也可以输出 0～20 mA 电流值、4～20 mA 电流值。模拟量输出的最大负载为：4～20 mA 时为 525 Ω(10.5 V)，0～10 V 时为 1 kΩ(10 mA)。

（16）已应用的和待定的更改

完成以上设置后，显示已应用的和待定的更改界面，如图 5.22 所示，该界面会提示在 PowerFlex 525 启动向导中做了哪些修改，单击"完成"，即可将所有修改内容应用到变频器中。

启动向导在快速组态变频器方面提供了一种清晰的思路，虽然向导无法覆盖每一个变频器参数，但大多数应用项目常用的必需配置参数都已包含在内。无论变频

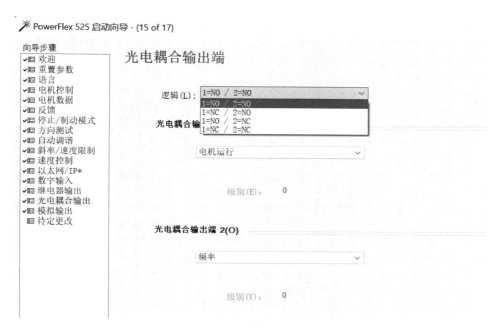

图 5.20　光电耦合输出端界面

图 5.21　模拟输出界面

器是否在线,都可以用启动向导来配置变频器基本参数,只是在离线状态下部分步骤尚无法完成。

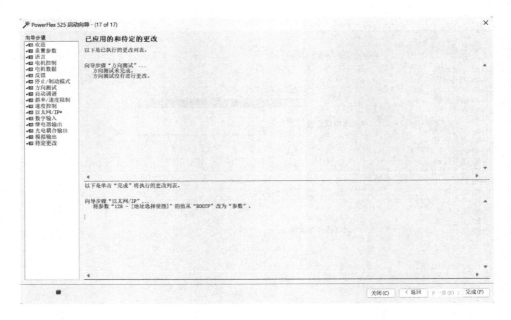

图 5.22　已应用的和待定的更改界面

5.1.4　变频器固件刷新

按照启动向导完成变频器各参数设置后,单击启动向导右下方的"完成"按钮进行确认。单击 PowerFlex 525 型变频器设置界面中的"属性"图标,在弹出的属性界面内单击"导入/导出"标签下的"导出"按钮,将刚刚在启动向导中配置的信息保存在上位机的自定义位置上,可将配置信息文件命名为"PowerFlex",保存类型为默认的"520"驱动器导入/导出文件。

打开在 5.1.1 中复制的"PF52XUSB.EXE"文件,单击"Download"后,依次设定文件位置及选择文件,单击"Next",最后单击"Download"即可。完成"Download",即下载成功后可打开 RSlinx Classic 软件,如图 5.23 所示,此时会发现变频器地址已设置完成。

可见同一网段内有先前完成网络设置的 Micro850 和刚刚完成网络设置的 PowerFlex 525,当然还有执行以上操作的上位机和路由器,接下来即可通过编写控制程序达到控制目的。需要注意的是,通过 USB 线给变频器下载 IP 地址后,如果再次对变频器进行了参数配置或更改了 IP 地址,均可直接利用以太网下载。

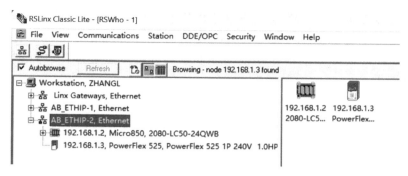

图 5.23　变频器 IP 地址下载成功

5.1.5　连接变频器后启动向导设置

（1）重置参数

再次单击中间工作区上方的向导图标，进入启动向导界面，在如图 5.24 所示的重置参数界面内，可以选择"将所有设置重置为出厂默认设置，但保留自定义参数组""将所有设置重置为出厂默认设置（包括自定义参数组）""仅重置电源参数"三种重置模式。可见，如果在连接变频器后需要修改变频器 IP 地址，只需在重新定义"以太网/IP"页面下的相关参数之后，单击"将所有设置重置为出厂默认设置，但保留自定义参数组"下的"重置"按钮即可。

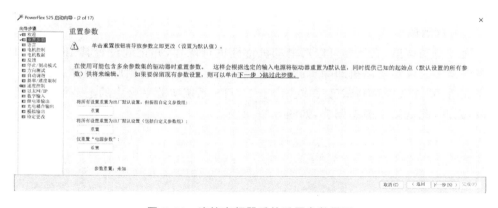

图 5.24　连接变频器后的重置参数界面

（2）方向测试

在此操作前，需要注意的是，连接变频器后，本项测试会导致电动机旋转，请务必确认电动机周围环境，防止因电动机旋转导致危险情况。还应再次确认总电源开关位置，一旦电机工作异常，应立刻断开总电源。

在如图 5.25 所示的方向测试界面内，在"参考"处为电动机设定一个速度，此处设为 10 Hz，然后单击绿色的启动按钮，电动机正转，查看电动机的转动方向是否与自定义的正转方向一致,如果是正转,则单击停止按钮。然后点击 Jog 按钮,按住 Jog 按钮,电动机转动;松开 Jog 按钮,电动机则停止转动。完成这些测试之后,如果电动机转动方向正确,在"应用程序的电动机旋转方向是否正确?"下方选择"是",则会提示测试通过。

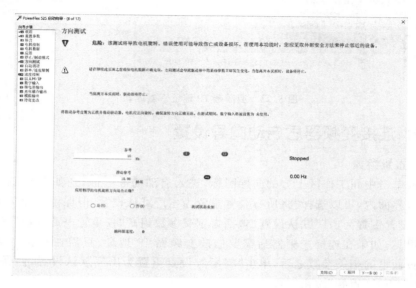

图 5.25　连接变频器后的方向测试界面

（3）自动调谐

通过自动调谐,启动器可以对电动机特性进行取样,并正确设置其 IR 压降和磁通电流参考。仅当电动机卸除负载时,才能使用旋转调节,否则应使用静态调节。调谐完成后,系统会提示测试已完成。由于 HOTS 系统实验平台中的电动机接有丝杠负载,因此,此处采用静态调节,如图 5.26 所示。

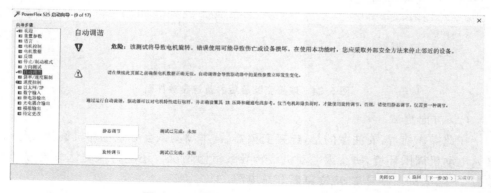

图 5.26　连接变频器后的自动调谐界面

5.2 变频器手动配置 IP 方法

出于安全考虑,在实验过程中不推荐将 PowerFlex525 前操作面板拆卸下来下载固件刷新软件,可通过变频器面板手动设置变频器 IP 地址。

5.2.1 变频器常用参数说明

采用手动方式设置变频器 IP 地址时,需要掌握与手动设置紧密联系的变频器常用参数以及这些参数的具体功能。所涉及参数包括 P046、P047、C128、C129~C132、C133~C136 以及 C137~C140,以下内容将详细介绍以上各参数的功能。

(1) 参数 P046 及其功能说明

参数 P046 属于基本程序组,用于配置变频器的启动源。当用户改变相关输入时,一经输入便立即生效。参数 P046 的功能说明如表 5.1 所列。

表 5.1 参数 P046 功能说明

参数选项	具体含义	参数选项	具体含义
1	键盘(默认值)	4	网络选项
2	数字量输入端子块	5	Ethernet/IP
3	串行/DSI		

(2) 参数 P047 及其功能说明

参数 P047 属于基本程序组,表示变频器的"速度基准值 1",用于选择变频器速度命令源,当用户更改这些输入时,一经输入便立即生效。参数 P047 对应 5.1.3 小节中 PowerFlex525 启动向导速度控制设置界面,其功能说明如表 5.2 所列。

表 5.2 参数 P047 功能说明

参数选项	具体含义	参数选项	具体含义
1	变频器电位器(默认值)	9	MOP
2	键盘频率	10	脉冲输入
3	串行/DSI	11	PID1 输出
4	网络选项	12	PID2 输出
5	0~10 V 输入	13	步进逻辑
6	4~20 mA 输入	14	编码器
7	预设频率	15	Ethernet/IP
8	模拟量输入乘数	16	定位

(3) 参数 C128 及功能说明

参数 C128 属于通信组,表示变频器的 Ethernet 地址选择,启用由 BOOTP 服器设置的 IP 地址、子网掩码和网关地址,完成选择后,需要复位或循环上电。参数 C128 的功能说明如表 5.3 所列。通常情况下,需将 C128 设定为"1"(参数)。

(4) 参数 C129～C132 及取值范围

参数 C129～C132 均属于通信组,分别用来完成变频器的 Ethernet/IP 地址配置 1、Ethernet/IP 地址配置 2、Ethernet/IP 地址配置 3 和 Ethernet/IP 地址配置 4。如果 Ethernet/IP 地址配置 1 为"192",Ethernet/IP 地址配置 2 为"168",Ethernet/IP 地址配置 3 为"1",Ethernet/IP 地址配置 4 为"3",则表示该变频器的 IP 地址为 192. 168.1.3。变频器在完成参数 C129～C132 选择后,需要复位或循环上电。参数 C129～C132 的说明如表 5.4 所列。注意:如果要设置参数 C129～C132,必须先将参数 C128 设为"1"(参数)。

表 5.3　参数 C128 功能说明

参数选项	具体含义
1	参数
2	BOOTP(默认)

表 5.4　参数 C129～C132 取值范围

选　项	取值范围
默认值	0
最小值	0
最大值	255

(5) 参数 C133～C136 及取值范围

参数 C133～C136 均属于通信组,分别用来完成变频器的 Ethernet 子网配置 1、Ethernet 子网配置 2、Ethernet 子网配置 3、Ethernet 子网配置 4。如果 Ethernet 子网配置 1 为"255",Ethernet 子网配置 2 为"255",Ethernet 子网配置 3 为"255",Ethernet 子网配置 4 为"0",则表示该变频器的子网掩码为 255.255.255.0。变频器在完成参数 C133～C136 选择后,需要复位或循环上电。参数 C133～C136 的说明如表 5.5 所列。注意:如果要设置参数 C137～C140,必须先将参数 C128 设为"1"(参数)。

(6) 参数 C137～C140 及取值范围

参数 C137～C140 均属于通信组,分别用来完成变频器的 Ethernet 网关配置 1、Ethernet 网关配置 2、Ethernet 网关配置 3、Ethernet 网关配置 4。如果 Ethernet 网关配置 1 为"192",Ethernet 网关配置 2 为"168",Ethernet 网关配置 3 为"1",Ethernet 网关配置 4 为"1",则表示该变频器的默认网关为 192.168.1.1。变频器在完成参数 C137～C140 选择后,需要复位或循环上电。参数 C137～C140 的说明如表 5.6 所列。注意:如果要设置参数 C137～C140,必须先将参数 C128 设为"1"(参数)。

表 5.5　参数 C133～C136 功能说明

选　项	取值范围
默认值	0
最小值	0
最大值	255

表 5.6　参数 C137～C140 功能说明

选　项	取值范围
默认值	0
最小值	0
最大值	255

5.2.2　手动输入变频器的 IP 地址

当 PowerFlex525 变频器通电并完成启动后,其操作面板上的液晶屏显示如图 5.27 所示。

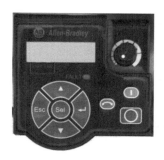

图 5.27　变频器操作面板及液晶屏显示

手动输入变频器 IP 地址、子网掩码及默认网关,可依照下面的步骤操作。

(1) 选择参数 P046,如表 5.7 所列。

表 5.7　选择参数 P046 操作

操作动作	液晶屏状态	液晶屏显示内容
① 按下 Esc 键	此时"b001"中的"1"处于闪烁状态	FWD .b001
② 按下 △ 键	将"1"调整到"6"后,"6"处于闪烁状态	FWD .b006
③ 按下 Sel 键	将闪烁位调整到右数第二位,使该位的"0"处于闪烁状态	FWD .b006
④ 按下 △ 键	将右数第二位的"0"调整到"4",此时该位的"4"处于闪烁状态。注意:此时参数的首位将由"b"自动切换成"P"	FWD P046
⑤ 按下 ↵ 键	变频器的屏幕上显示"1",证明已经进入参数 P046 设置	FWD 1 PROGRAM

（2）修改并保存参数 P046，如表 5.8 所列。

表 5.8　修改并保存参数 P046 操作

操作动作	液晶屏状态	液晶屏显示内容
① 按下  △ 键	将"1"调整到"5"。此时"5"处于闪烁状态	 FWD　5　PROGRAM
② 按下  ↵ 键	确认设置。注意：确认设置后，"5"将停止闪烁	 FWD　5　PROGRAM

（3）选择参数 P047，如表 5.9 所列。

表 5.9　选择参数 P047 操作

操作动作	液晶屏状态	液晶屏显示内容
① 按下 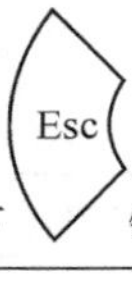 Esc 键	此时液晶屏中的"6"处于闪烁状态	 FWD　P046
② 按下  △ 键	将"6"调整到"7"，此时液晶屏中的"7"处于闪烁状态	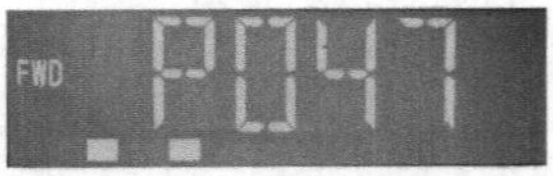 FWD　P047
③ 按下 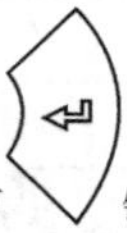 ↵ 键	此时液晶屏上显示"1"，证明已经进入参数 P047 设置	 FWD　1　PROGRAM

（4）修改并保存参数 P047，如表 5.10 所列。

表 5.10　修改并保存参数 P047 操作

操作动作	液晶屏状态	液晶屏显示内容
① 按下  △ 键	将"1"调整到"15"。此时"5"处于闪烁状态	 FWD　15　PROGRAM
② 按下  ↵ 键	确认设置。注意：确认设置后，"5"将停止闪烁	 FWD　15　PROGRAM

（5）选择参数 C128，如表 5.11 所列。

表 5.11 选择参数 **C128** 操作

操作动作	液晶屏状态	液晶屏显示内容
① 按下  Esc 键	此时液晶屏中的"7"处于闪烁状态	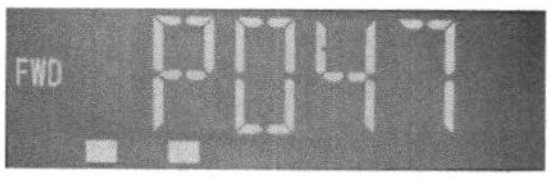 FWD P047
② 再按下 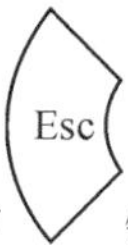 Esc 键	闪烁位将由"7"切换到"P"	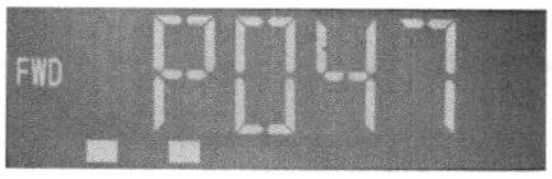 FWD P047
③ 按下  △ 键	将"P"改为"C",此时液晶屏中的"C"处于闪烁状态	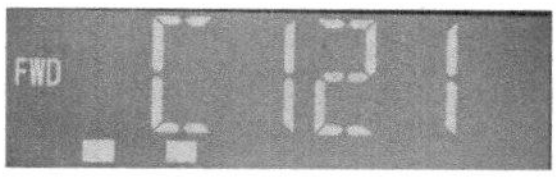 FWD C121
④ 按下  ↵ 键	此时液晶屏上最右一位的"1"处于闪烁状态	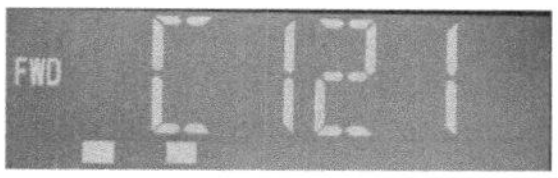 FWD C121
⑤ 按下  △ 键	将液晶屏上显示的C121切换到C128,此时"8"处于闪烁状态	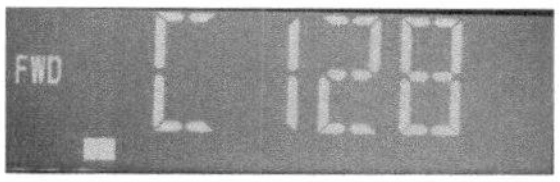 FWD C128
⑥ 按下  ↵ 键	此时液晶屏上显示"2",证明已经进入参数C128设置	 FWD 2 PROGRAM

（6）修改并保存参数 C128,如表 5.12 所列。

表 5.12 修改并保存参数 **C128** 操作

操作动作	液晶屏状态	液晶屏显示内容
① 按下  ▽ 键	将"2"调整到"1"。此时"1"处于闪烁状态	FWD 1 PROGRAM
② 按下  ↵ 键	确认设置。注意:确认设置后,"1"将停止闪烁	FWD 1 PROGRAM

（7）选择参数 C129,如表 5.13 所列。

表 5.13　选择参数 C129 操作

操作动作	液晶屏状态	液晶屏显示内容
① 按下 Esc 键	此时液晶屏中的"8"处于闪烁状态	FWD C128
② 按下 △ 键	将液晶屏上显示的 C128 切换到 C129,此时"9"处于闪烁状态	FWD C129
③ 按下 ↵ 键	此时液晶屏上显示"0",证明已经进入参数 C129 设置	FWD 0

（8）修改并保存参数 C129,如表 5.14 所列。

表 5.14　修改并保存参数 C129 参数

操作动作	液晶屏状态	液晶屏显示内容
① 按下 △ 键	将"0"调整到"2"。此时"2"处于闪烁状态	FWD 2
② 按下 Sel 键	液晶屏将显示"02",此时"0"处于闪烁状态	FWD 02 PROGRAM
③ 按下 △ 键	将"0"调整到"9"。此时"9"处于闪烁状态	FWD 92
④ 按下 Sel 键	液晶屏将显示"092",此时"0"处于闪烁状态	FWD 092 PROGRAM
⑤ 按下 △ 键	将"0"调整到"1"。此时"1"处于闪烁状态	FWD 192 PROGRAM
⑥ 按下 ↵ 键	确认设置。注意:确认设置后,"1"将停止闪烁	FWD 192 PROGRAM

再次按下变频器操作面板上的"ESC"键返回后,液晶屏上将显示 C129,且"9"处于闪烁状态。说明:已经将"192"赋给参数 C129。"192"是变频器 IP 地址"192.168.1.3"的第一部分。

（9）设置参数 C130～C132，依照上述（5）（6）步操作，将"168"赋给参数 C130；将"1"赋给参数 C131；将"3"赋给参数 C132。至此，参数 C129～C132 分别赋值为"192""168""1""3"，表明变频器的 IP 地址设定为 192.168.1.3。

（10）设置参数 C133～C136，同样依照（5）（6）步操作，将"255"赋给参数 C133；将"255"赋给参数 C134；将"255"赋给参数 C135；将"0"赋给参数 C136。至此，参数 C133～C136 分别赋值为"255""255""255""0"，表示变频器的子网掩码设定为 255.255.255.0。

（11）设置参数 C137～C140，同样依照（5）（6）步操作，将"192"赋给参数 C137；将"168"赋给参数 C138；将"1"赋给参数 C139；将"1"赋给参数 C140。至此参数 C137～C140 分别赋值为"192""168""1""1"，表示变频器的默认网关设定为 192.168.1.1。

至此，通过手动方式完成了变频器 IP 地址设定、子网掩码设定和变频器默认网关设定。

5.3 变频器自定义功能块

5.3.1 变频器自定义功能块简介

为了方便实现变频器的以太网通信，罗克韦尔自动化有限公司的工程师编写了一个名为 RA_PFx_ENET_STS_CMD 的自定义功能块指令，为用户提供了一个标准化的功能块指令。用户在使用该功能块指令前，需要将供应商所提供的 RA_PFx_ENET_STS_CMD 功能块指令导入工程当中，操作步骤详见 4.4.3 中讲解，导入完成后可以在指令块选择器中直接搜索该模块。RA_PFx_ENET_STS_CMD 功能块指令如图 5.28 所示，用户可以在 Micro850 控制器上通过简单的编程实现 Micro850 控制器对变频器的以太网控制。

5.3.2 RA_PFx_ENET_STS_CMD 功能块参数说明

RA_PFx_ENET_STS_CMD 自定义功能块的作用是通过 Micro850 控制器来驱动变频器进行频率输出，驱动电动机运行。该

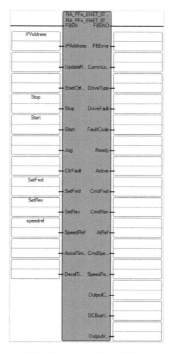

图 5.28 RA_PFx_ENET_STS_CMD 自定义功能块

功能模块较为复杂,有多个输入变量和输出变量,其参数说明如表 5.15 所列。

表 5.15 RA_PFx_ENET_STS_CMD 功能块参数说明

参 数	数据类型	描 述
IPAddress	STRING	所要控制变频器的 IP 地址
UpdateRate	UDINT	循环触发时间,为 0,表示默认值 500 ms
Start	BOOL	True:开始
Stop	BOOL	True:停止
SetFwd	BOOL	True:正转
SetRev	BOOL	True:反转
SpeedRef	REAL	速度参考值,单位为 Hz
CmdFwd	BOOL	True:当前方向为正转
CmdRev	BOOL	True:当前方向为反转
Acce1Time1	REAL	加速时间,单位为 s
Dece1Time1	REAL	减速时间,单位为 s
Ready	BOOL	PowerFlex525 已经就绪
Active	UDINT	PowerFlex525 已经被激活
FBError	BOOL	PowerFlex525 出错
FaultCode	DINT	PowerFlex525 错误代码
Feedback	REAL	反馈速度

RA_PFx_ENET_STS_CMD 功能块参数中一些主要参数的含义如下。

(1) Stop。该参数是变频器的停止标志位。当该位为 True 时,表示变频器停止运行;当该位为 False 时,表示解除变频器的停止状态。

(2) Start。该参数是变频器的启动标志位。当该位为 True 时,表示变频器启动运行;当该位为 False 时,表示解除变频器的启动状态。

注意:当 Stop 和 Start 为 False 时,并不能改变变频器的状态,若要改变变频器的状态,则需要使用对立的命令来实现,例如,Start 从 True 变为 False,并不代表变频器由运行转为停止,变频器仍然会处于运行状态,若要让变频器停止工作,需要 Stop 参数为 True。

(3) Jog。该参数是变频器的点动标志位。当该位为 True 时,表示变频器以 10 Hz 的频率对外输出;当该位为 False 时,表示变频器停止频率输出。

(4) SetFwd。该参数是变频器正向输出频率的标志位。当该位为 True 时,表示变频器正向输出频率;当该位为 False 时,表示解除变频器正向输出频率。

(5) SetRev。该参数是变频器反向输出频率的标志位。当该位为 True 时,表示变频器反向输出频率;当该位为 False 时,表示解除变频器反向输出频率。

(6) SpeedRef。该参数是变频器的给定频率寄存器。该寄存器用于对变频器的频率进行赋值。

（7）DCBusVoltage。该参数是变频器的输出电压指示寄存器。该寄存器指示变压器的三相输出电压，也可以用来验证变频器与 Micro850 控制器是否连接上。当输出值为 320 左右时，表示已经通信成功。

5.3.3　RA_PFx_ENET_STS_CMD 功能块应用示例

为了帮助读者更好地理解如何应用 RA_PFx_ENET_STS_CMD 功能块，此小节将利用该模块构建一个电机正反转控制程序，该程序可驱动丝杠运动控制系统中的滑块往复运动。

如图 5.29 所示，梯级 1 主要将自定义的全局变量与 RA_PFx_ENET_STS_

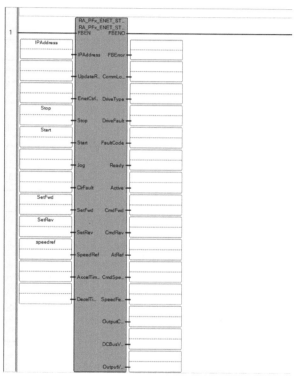

图 5.29　电机正反转控制程序梯级 1 与全局变量

CMD 功能块输入进行关联，其中，自定义全局变量名称、数据类型及功能作用均与功能块中的相应参数一致。此外，IPAddress 初始值设定为"192.168.1.3"，代表接收控制指令对象为 5.3.2 小节所配置的变频器；speedref 初始值设定为"13"，默认单位为 Hz，代表变频器输出三相交流频率为 13 Hz。功能块其他参数为空，表示保持默认值。

如图 5.30 所示，梯级 2 利用正向接触开关_IO_EM_DI_00、设置线圈 Start、复位线圈 Stop、设置线圈 SetFwd 和复位线圈 SetRev 实现变频器正向启动控制，当正向接触开关_IO_EM_DI_00 由 False 变为 True 时，Start、Stop、SetFwd、SetRev 各线圈的状态分别为 True、False、True、False，由 RA_PFx_ENET_STS_CMD 功能块描述可知，变频器将正向启动运行。

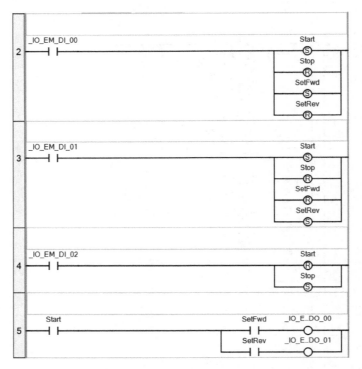

图 5.30　电机正反转控制程序梯级 2～5

梯级 3 原理与梯级 2 类似，使用正向接触开关_IO_EM_DI_01 实现变频器反向启动控制。

梯级 4 利用正向接触开关_IO_EM_DI_02 实现停止功能，当正向接触开关_IO_EM_DI_02 由 False 变为 True 时，Start、Stop 两个线圈的状态分别为 False 和 True，由 RA_PFx_ENET_STS_CMD 功能块描述可知，变频器将停止运行。

梯级 5 利用正向接触开关 Start、SetFwd、SetRev 和直接线圈_IO_EM_DO_00、_

IO_EM_DO_01 实现运行状态的指示灯显示,当 Start、SetFwd 同为 True 时,将点亮_IO_EM_DO_00 对应指示灯;同理,Start、SetRev 同为 True 时,将点亮_IO_EM_DO_01 对应指示灯。

显然,该程序中:_IO_EM_DI_00 为正向启动按钮,_IO_EM_DO_00 正向运行指示灯;_IO_EM_DI_01 为反向启动按钮,_IO_EM_DO_01 反向运行指示灯;_IO_EM_DI_02 为停止按钮。

在按下正转启动按钮后,电机正向持续旋转,正向运行指示灯持续亮;在按下反转启动按钮后,电机反向持续旋转,反向运行指示灯持续亮。在电机运行过程中,正向和反向两种状态可以随意切换,且不论正向运行还是反向运行时,在按下停止按钮后,电机停止运行,运行指示灯熄灭。

第**6**章

触摸屏程序设计

6.1 触摸屏项目创建

6.1.1 触摸屏网络地址设置

HOTS 系统实验平台下使用的是 2711R-T7T 型触摸屏,其网络地址可以在触摸屏的初始化主菜单中直接进行配置,如图 6.1 所示。如果触摸屏默认开机运行界面不是图中所示的主菜单,通常可单击界面中的"Goto Config"图标,返回初始化主菜单。

图 6.1 2711R-T7T 型触摸屏主菜单

单击主菜单中的"终端设置"按钮进入到终端设置界面,依次单击"通讯"→"设定固定 IP 地址"选项,将触摸屏 IP 地址设置为 192.168.1.5,如图 6.2 所示。

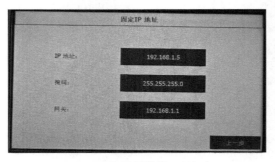

图 6.2 设置触摸屏 IP 地址

此时再次打开 RSLinx Classic Lite 软件，即可发现刚刚完成配置的触摸屏，如图 6.3 所示，至此完成对触摸屏 IP 地址的设置。

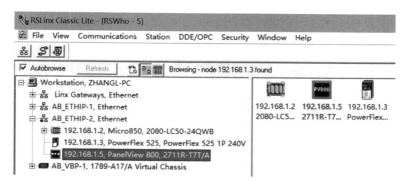

图 6.3　RSLinx Classic Lite 软件中的触摸屏图标

6.1.2　新建可视化项目

首先在设备工具箱中选择图形终端→PanelView 800，双击 HOTS 系统实验平台下使用的 2711R-T7T 型触摸屏图标，如图 6.4 所示。

成功选择触摸屏后，如图 6.5 所示，左侧项目管理器窗口中即出现了触摸屏图标，名称为 PV800 App1*，双击该图标，在弹出的对话框中选择触摸屏的显示方向。

选择好触摸屏显示方向后，项目管理器中 PV800 App1 图标下即出现了相关设计选项，中间工作区中也出现了 2711R-T7T 型触摸屏外观图片及相关详细信息，如图 6.6 所示。

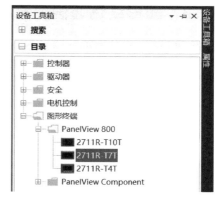

图 6.4　触摸屏选择界面

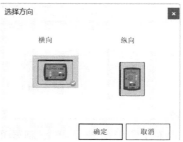

图 6.5　触摸屏显示方向配置

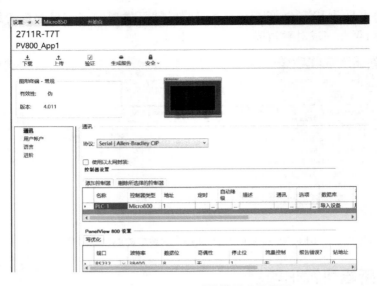

图 6.6　2711R-T7T 型触摸屏设置界面

6.1.3　图形终端通信配置

PanelView 800 图形终端有 RS-232 和 RS422/485 两个串行端口,可用于与远程设备进行通信,此外,PanelView 800 图形终端还具有一个以太网端口,HOTS 系统实验平台下使用的 2711R-T7T 型触摸屏就是通过以太网与系统内的其他设备进行通信。单击中间工作区下方列表中的"通讯"选项,从通信配置界面中的协议下拉菜单内选择"Ethernet|Allen-Bradley CIP"选项,如图 6.7 所示。

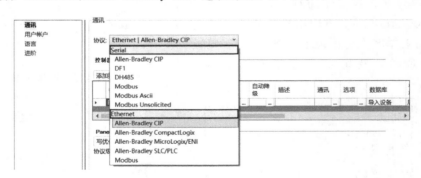

图 6.7　选择通信协议

控制器设置对话框如图 6.8 所示,其中各选项说明如下。

（1）名称,是指所要连接控制器的名称,可以选择默认名称或键入一个唯一名称。

（2）控制器类型,是指触摸屏所要连接控制器的类型。

（3）地址，是指触摸屏所要连接控制器在网络中唯一的 IP 地址，HOTS 系统实验平台下可将控制器 IP 统一设置为 192.168.1.2。

（4）描述，可输入相关说明。

（5）可根据实际需要，编辑对话框中的其他选项。

图 6.8　控制器设置对话框

6.1.4　创建标签

在 PanelView 800 的编程中，标签起到了关键性的"纽带"作用。标签使 PanelView 800 中的变量和 Micro850 控制器的数据地址——对应起来，从而实现 PanelView 800 对控制器数据地址进行监控。

PanelView 800 中的标签有很多种类，最主要的是写标签和读标签。写标签就是将 PanelView 800 相应变量的值写到控制器中，因此，写标签多与 PanelView 800 界面内按钮、数字输入、字符串输入等输入元件相关联。读标签就是将 Micro850 控制器相应数据地址的值读入 PanelView 800 的相应变量中，从而在触摸屏中完成数据显示，因此，读标签多与 PanelView 800 界面内数字显示、线性刻度、模拟量表等显示元件相关联。此外，还有用于指示 PanelView 800 界面内图形元件状态的指示器标签，指示器标签的用法与瞬动按钮很相似。当指示器标签与写标签地址相同时，按下按钮，按钮的状态改变值会通过指示器标签直接表示出来；当指示器标签与写标签地址不同时，按下按钮，按钮的状态改变值要从指示器标签的地址中读取。

PanelView 800 的变量根据其功能可以分为四种类型，即外部变量、内存变量、系统变量和全局连接。外部变量和内存变量的数据来源是不同的。外部变量的数据是由如 Micro850 控制器或其他设备的外部设备提供的，这些变量主要用于与外部设备进行通信，接收来自外部设备的数据。内存变量的数据是由 PanelView 800 提供的，与外部设备无关，这些变量主要用于在 PanelView 800 内部存储和操作数据，例如用于计算和控制逻辑的变量。系统变量是 PanelView 800 提供的预定义中间变量，每个系统变量都有明确的意义，这些变量用于提供现成的功能，以便在程序中使用。为了与其他变量区分开来，系统变量都以"＄"符号开头。

如图 6.9 所示，单击项目管理器内的"标签"选项，进入标签编辑器，选中"外部"，单击"添加"按钮添加标签，创建新的标签名，并选择数据类型、标签对应的地址及控制器,标签的地址必须与 Micro850 控制器内的变量名称相对应。如果只有一个控制器,那么"控制器"选项中默认为 PLC-1。

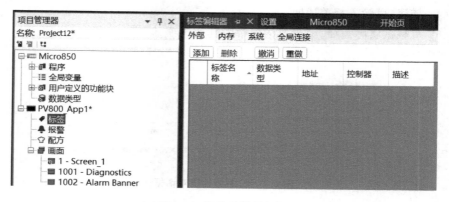

图 6.9 标签编辑器界面

若以 5.3.3 小节中丝杠滑块往复运动控制系统为应用对象,如图 6.10 所示,在 PanelView 800 内设计一组按钮控制开关替代原系统中的"StartFwd 正向启动""StartRev 反向启动""Stop 停止"按钮;一组显示灯替代原系统中的"Fwd 正向运行""Rev 反向运行"显示灯。

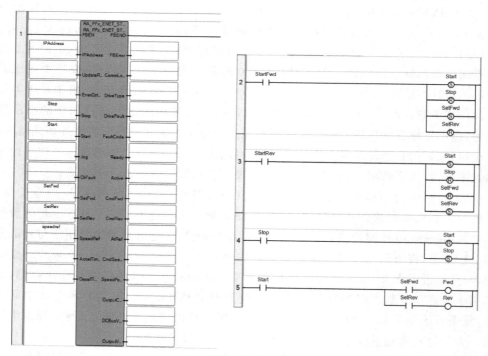

图 6.10 丝杠滑块往复运动控制系统

显然需要创建五个 Boolean 型标签,所创建的标签如图 6.11 所示。

标签名称	数据类型	地址	控制器	描述
TAG0001	Boolean	StartFwd	PLC-1	
TAG0002	Boolean	StartRev	PLC-1	
TAG0003	Boolean	Stop	PLC-1	
TAG0004	Boolean	Fwd	PLC-1	
TAG0005	Boolean	Rev	PLC-1	

图 6.11　创建标签

6.2　触摸屏界面设计

PanelView 800 中的按钮分为瞬时按钮、锁定按钮、保持按钮、多态按钮四种类型,各按钮的功能如下。

(1) 瞬时按钮:按下时改变状态(断开或闭合),松开后返回到初始状态。

(2) 保持按钮:按下时改变状态,松开后保持改变后的状态。

(3) 锁定按钮:按下后即将该位锁存为 1,若要对该位复位必须由握手标签解锁,握手标签的设定在该按钮的属性中进行。

(4) 多态按钮:有 2~16 种状态。每次按下并松开后,就变为下一个状态。在到达最后一个状态之后,按下按钮回到初始值。

6.2.1　创建控制界面

单击项目管理器中 PanelView 800 下的"1-Screen"图标,所弹出 1-Screen 设计画面如图 6.12 所示。

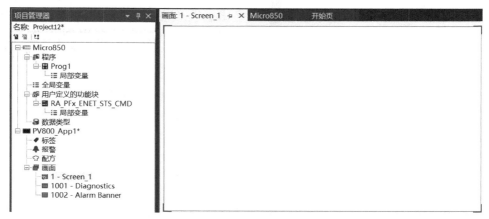

图 6.12　1-Screen 设计画面

在右侧工具箱中找到"瞬时"按钮,将其拖拽到 1-Screen 设计画面中,然后双击该按钮,设置按钮状态属性,如图 6.13 所示。为了加以区分将按钮状态设置为:当按钮未被按下时,显示为透明,并有"正向启动"字样;当按钮被按下时,显示为红色,并有"正向启动"字样;当按钮未有效接收到数据时,显示为黑色,并有"错误"字样。

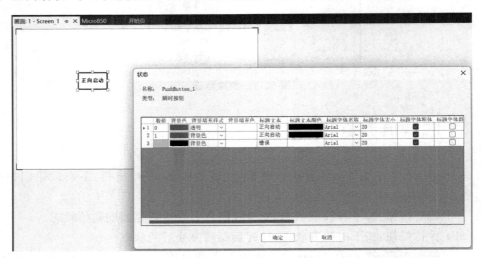

图 6.13　设置按钮状态

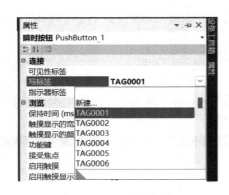

图 6.14　设置写标签

右击 1-Screen 设计画面中的按钮图形,选择"属性"选项,并在右侧属性栏中对瞬时按钮的属性进行设置。如图 6.14 所示,在写标签下拉菜单中选择 6.1.4 小节中建立的标签 TAG0001,从而将该瞬时按钮与标签 TAG0001 建立链接,而 6.1.4 小节中建立的标签 TAG0001 又关联了 Micro850 控制器中的全局变量 StartFwd,因此,该瞬时按钮状态就可以直接传递给全局变量 StartFwd。

同理,继续布置两个瞬时按钮,其中绿色按钮显示"反向启动"字样,与 TAG0002 建立链接,与 Micro850 控制器中的全局变量 StartRev 关联;黄色按钮显示"停止"字样,与 TAG0003 建立链接,与 Micro850 控制器中的全局变量 Stop 关联,如图 6.15 所示。

在右侧工具箱中找到多态指示器,将其拖拽到 1-Screen 设计画面中,然后双击多态指示器,设置其状态属性,如图 6.16 所示。此处将多态指示器用作指示灯,将多态指示器设置为当关联变量为 0 时,显示为透明,并有"正向停止"字样;当关联变量为 1 时,显示为红色,并有"正向运行"字样;当未能有效接收到数据时,显示为黑色,并有"错误"字样。

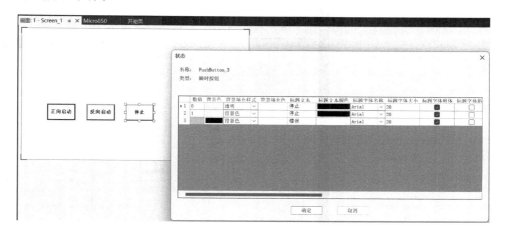

图 6.15 布置多个按钮

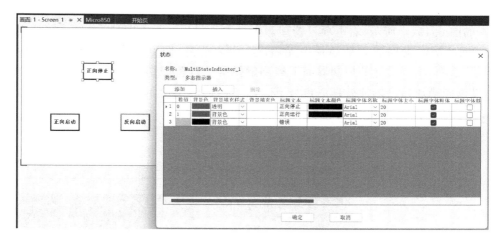

图 6.16 设置多态指示器状态

右击 1-Screen 设计画面中的多态指示器图形,选择"属性"选项,并在右侧属性栏中设置多态指示器的属性,在读标签下拉菜单中选择 6.1.4 小节中建立的标签 TAG0004,而在 6.1.4 小节中标签 TAG0004 又关联了 Micro850 控制器中的全局变量 Fwd,因此,该多态指示器可以随时读取全局变量 Fwd 的状态,如图 6.17 所示。

同理,继续布置一个多态指示器,并将多态指示器设置为:当关联变量为 0 时,显示为透明,并有"反向停止"字样;当关联变量为 1 时,显示为绿色,并有"反向运行"字样;当未能有效接收到数据时,显示为黑色,并有"错误"字样,如图 6.18 所示。

图 6.17　添加多态指示器标签

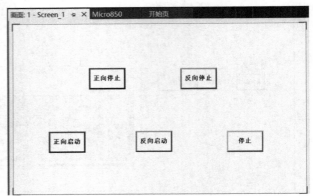

图 6.18　按钮和多态指示器设计画面

如图 6.19(a)所示,右击项目管理器中的 PanelView 800 图标,在弹出菜单中选择"验证"选项,此时若验证结果中无错误和警告信息,即可直接选择弹出菜单中的"下载"选项,将所设计的控制界面下载到触摸屏。若验证结果中弹出错误或警告信息,可按照描述信息酌情处理后再行下载,如图 6.19(b)所示。

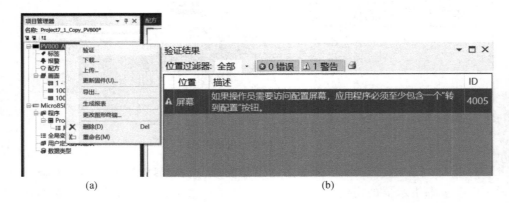

(a)　　　　　　　　　　　　　　　　(b)

图 6.19　触摸屏界面程序验证

提示:当弹出 ID4005 警告信息时,如果操作员需要访问配置屏幕,应用程序必须至少包含一个"转到配置"按钮。通过分析,可知其原因是例程中缺少转到触摸屏配置界面的按钮,此处为了操作方便,可以从工具箱进阶菜单中拖拽一个"转至终端配置"按钮到 Screen_1 控制界面中,再次执行"验证"操作,验证结果中将不再出现本条警告信息,如图 6.20 所示。

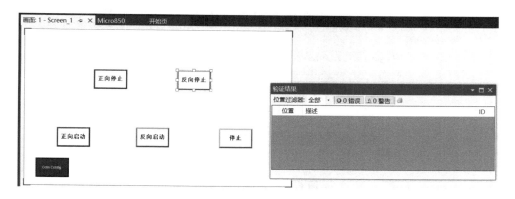

图 6.20   消除警告信息后的触摸屏界面程序验证

6.2.2   触摸屏程序下载

右击项目管理器中 PanelView 800 图标,在弹出菜单中选择"下载"选项,如图 6.21 所示。

图 6.21   触摸屏程序下载

在弹出的连接浏览器界面内,选中在 6.1.1 小节中配置的 2711R-T7T 型触摸屏,如图 6.22 所示;单击"确定"按钮,待 CCW 界面下方的"输出"窗口内显示"应用程序已成功下载"时,表示所设计的触摸屏界面已下载完成。此时单击触摸屏初始化主菜单中的"文件管理器"按钮,在文件管理器界面下,选中刚刚下载的触摸屏文件"PV800_App1",如图 6.23 所示。

单击文件管理器界面内的"运行"按钮,经初始化后,触摸屏上随即显示出 6.2.1 小节中所设计的控制界面,如图 6.24 所示。

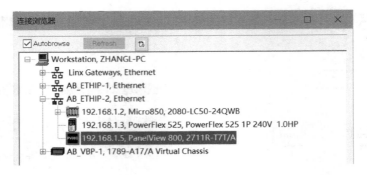

图 6.22　选择下载对象

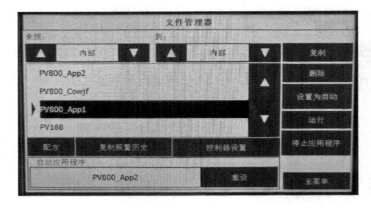

图 6.23　选中控制界面文件

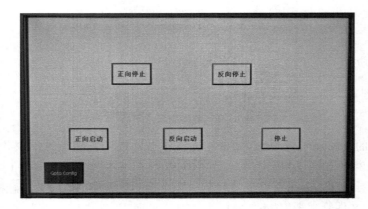

图 6.24　触摸屏运行界面

当按下"正向启动"按钮后,电机正向持续旋转,正向运行指示灯持续亮;当按下"反向启动"按钮后,电机反向持续旋转,反向运行指示灯持续亮,如图 6.25 所示。

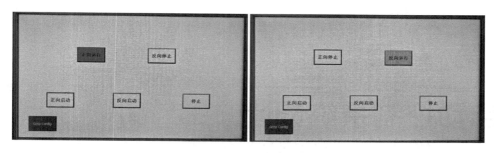

图 6.25　触摸屏程序运行画面

　　正向和反向两种状态还可以随意切换,且不论在正向运行还是反向运行时,按下"停止"按钮,电机停止运行,运行指示灯熄灭,显示内容与期望设计逻辑一致。

第**7**章

自动控制系统设计
——丝杠运动控制系统

7.1 丝杠运动控制系统相关知识

7.1.1 滚珠丝杠简介

　　滚珠丝杠是一种高精度、高效率的传动元件,可以将旋转运动转化为直线运动,或将直线运动转化为回转运动。该元件主要由滚珠、螺母、丝杠和返珠器组成,如图 7.1 所示。当滚珠在丝杠和螺母之间滚动时,在摩擦力的作用下,滚珠会带动丝杠和螺母同时旋转,从而将旋转运动转化为直线运动;反之,当丝杠旋转时,滚珠在返珠器中滚动,也会使螺母沿丝杠做直线运动。

　　丝杠运动控制系统,采用变频器驱动三相异步电动机以不同频率工作的方式,带动滚珠丝杠转动,并通过旋转编码器的反馈来监测滚珠丝杠的转动情况。如图 7.2 所示,由 Micro850 控制器、变频器、旋转编码器、三相异步电动机及交换机所组成的闭环控制系统可以实现对滚珠丝杠的精准控制。

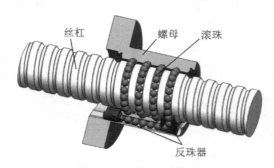

图 7.1　滚珠丝杠原理图

图 7.2　基于 Micro850 的杠运动控制系统

7.1.2 丝杠运动控制系统实验对象的组成

　　通过图 7.2 可见,丝杠运动控制系统的实验对象是由滚珠丝杠、用于驱动滚珠丝杠转动的三相异步电动机、用于检测滚珠丝杠上滑台位置和速度的光电传感器和用于采集滚珠丝杠转动圈数的旋转编码器,以及用于保护设备安全的限位开关等部件组成的。各部件相关情况介绍如下。

(1)滚珠丝杠及滑台:滚珠丝杠的型号是1204(其含义是丝杠的直径为12 mm,丝杠的螺距为4 mm),滚珠丝杠上所安装滑台的有效行程为510 mm。

(2)三相异步电动机:电动机的型号是 Y70-15,其额定功率是 15 W;额定频率是 50/60 Hz;额定转速 1 250/1 550 r/min;额定电流 0.16 A。三相异步电动机通过联轴器连接带动滚珠丝杠旋转。

(3)旋转编码器:编码器的型号是 LPD3806-360BM-G5-24C,这是增量式光电旋转编码器,其输出的 A 相和 B 相信号连接到 Micro850 控制器的 I-06 和 I-07 输入端子上(即连接到 Micro850 控制器的 HSC3 高速计数器上,可参照 2.2.2 中高速计数器配置相关内容)。

(4)限位开关:在滚珠丝杠的两端配有两个限位开关,开关的型号是 AZ7310,其中,靠近三相交流电机一侧的限位开关的常闭触点接到 Micro850 控制器 I-11 输入 I/O 上,靠近编码器一侧的限位开关的常闭触点接到 I-12 输入 I/O 上。两个限位开关的主要作用是:当滑块在运动中碰到其中任意一个限位开关时,限位开关的常闭触点断开,对应 I/O 输入信号由 True 变为 False,控制器可根据信号向变频器发出停止指令,使滚珠丝杠上的滑块停止运动,以免发生危险。

(5)光电传感器:光电传感器型号是 EE-SX672P,是 PNP 型输出。设备侧面安装三个 U 槽 T 型光电传感器,可以任意调整并固定其位置。其中,靠近三相交流电机一侧的光电传感器接到 Micro850 控制器 I-10 输入 I/O 上,靠近编码器一侧的光电传感器接到 I-8 输入 I/O 上,中间的光电传感器接到 I-9 输入 I/O 上。当滑块上的挡针运动至光电传感器 U 型槽中时,挡针遮挡住了光电传感器的光束,Micro850 控制器对应输入 I/O 为 True;否则,输入 I/O 为 False。

(6)其他附件:在滚珠丝杠底座上安装有铝制格尺,其量程为 0~500 mm。在滑台中心位置的前面和后面分别装有指针和挡针。指针用于指示滑台的当前位置;挡针用于遮挡光电传感器的光束,以便产生检测信号。

7.1.3 旋转编码器

(1)光电式旋转编码器的结构

光电式旋转编码器是一种通过光电转换原理将机械旋转轴的机械几何位移量转换成脉冲或数字量的传感器。如图 7.3 所示,光电式旋转编码器主要由光源、光栅板和光敏元件组成。其中,光栅板是在一定直径的圆板上等分地开通若干个长方形孔。当光栅板与电动机同轴旋转时,光敏元件会接收到光栅板透过来的光线,产生脉冲信号,这些脉冲信号将被控制系统(如 Micro850 中的高速计数器模块)接收,进而通过计算得到电动机的旋转角度、速度和角位移等控制参数。

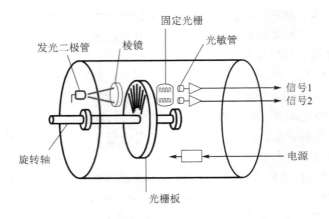

图 7.3　光电式旋转编码器内部结构

　　光电式旋转编码器有增量式和绝对式两类。增量式编码器是将位移转换成周期性电信号，再转化为计数脉冲，以脉冲个数表示位移大小。绝对式编码器的每个位置对应一个确定数字码，可以根据起始和终止位置信息确定位移量。绝对式编码器的输出线与数字码位数有关，价格相对较高；而增量式编码器的输出信号通过 PLC 或单片机加以处理，可获得运动的位置、速度等信息，价格相对较低，因此得到了广泛应用，在丝杠运动控制系统的实验对象中使用的就是增量式编码器。

　　（2）增量式旋转编码器的工作原理

　　增量式旋转编码器的光栅板上有三条码道，其中两条内外码道被称为 A 码道和B 码道，两者均等角距地开有透光的缝隙，但是相邻两条缝隙错开半条缝宽。最外圈是第三条码道，只开有一个透光狭缝，用于确定码盘的零位。码道示意图如图 7.4所示。

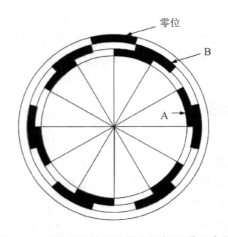

图 7.4　增量式旋转编码器光栅板码道示意图

显然,随着光栅板的转动,光源经过码道上透光和不透光的区域时,会产生一系列光脉冲,光脉冲被光敏元件转换为电信号,电信号经放大、整形后就是 A、B 两相脉冲信号,如图 7.5 所示,A、B 两相脉冲信号相差 90°相位,也就是 $T/4$ 个周期,T 为 A 相脉冲的一个周期。

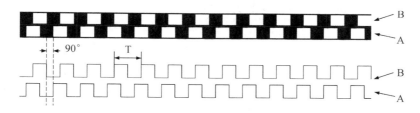

图 7.5　放大整形后的 A、B 相脉冲信号

由于 A、B 码道上有 N 个透光狭缝,故其中两路各有 N 个脉冲,相位差为 90°。第三路仅有一个脉冲输出,第三路脉冲又被称为 C 相脉或 Z 相脉冲。若 $N=1\,024$,即一圈码道上有 $1\,024$ 个透光狭缝,光栅板旋转一周输出 $1\,024$ 个脉冲,若 PLC 或单片机中的计数器计了 100 个脉冲,对应的角位移量 $\Delta\alpha$ 则为

$$\Delta\alpha = \alpha \cdot n = \frac{360°}{N} \times 100 = 3.51° \qquad (式 7.1)$$

式 7.1 中,α 为旋转编码器的分辨率,且 $\alpha = 360°/N$;n 为计数器计数值。

(3) 增量式编码器旋转方向判断方法

将光栅板展开后结构如图 7.6 所示,假设当光栅板正转时,光源相对光栅板的移动方向是由左向右,显然此时 A 相脉冲信号将超前于 B 相 90°;当光栅板反转时,光源则会相对光栅板由右向左移动,则 B 相脉冲信号就会超前于 A 相 90°。因此,可以根据 A 相信号和 B 相信号的相位关系测出被测轴的转动方向。编码器每转一圈,Z 相便会产生一个脉冲,可作为被测轴的定位基准信号,也可用来测量被测轴的旋转圈数计数信号。

图 7.6　光源移动示意图

(4) LPD3806-360BM-G5-24C 型编码器的参数

丝杠运动控制系统的实验对象中所使用的 LPD3806-360BM-G5-24C 型编码器的详细参数如下所示:

① 3806,表示增量式旋转编码器的外径是 38 mm,轴径是 6 mm;

② 360,表示增量式旋转编码器的分辨率,即当编码器的光栅板旋转一圈时,输

出 360 个脉冲信号;

③ G5-24,表示增量式旋转编码器的供电电压是直流 5~24 V;

④ C,表示 NPN 型集电极开路输出。

7.2　高速计数器 HSC 的应用

对于丝杠运动控制系统,为了精确控制实验对象中三相异步电动机的位置和速度,需要对 7.1 节中增量式旋转编码器输出的高速脉冲信号进行处理。Micro850 中的高速计数器 HSC(High Speed Counter)能够对这些高速脉冲信号进行精确计数并能响应外部中断信号,作为 Micro850 的重要组成部分,在现代工业自动化控制系统中得到广泛应用。

高速计数器包含两部分,一部分是位于 Micro850 控制器上的本地 I/O 端子,具体内容见 2.2.2 小节中有关高速计数器配置的介绍;另一部分是 HSC 功能块指令,下面将对该部分进行介绍。

7.2.1　HSC 功能块

HSC 功能块用于启动、停止高速计数,刷新高速计数器的状态,重载高速计数器的设置,以及重置高速计数器的累加值。该功能块如图 7.7 所示,其参数如表 7.1 所列。

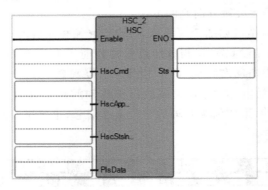

图 7.7　HSC 功能块

表 7.1　HSC 功能块参数列表

参　数	参数类型	数据类型	描　述
HscCmd	Input	USINT	功能块执行、刷新等控制命令,见 HSC 命令参数表
HSCAppData	Input	HSCAPP	HSC 应用配置。通常只需配置一次。见 HSC 应用数据表
HSCStsInfo	Input	HSCSTS	HSC 动态状态。通常,在 HSC 执行周期里,该状态信息会持续更新,见 HSC 状态信息数据结构

参　数	参数类型	数据类型	描　　述
PlsData	Input	PLS	可编程限位开关数据（programmable Limit Switch），用于设置 HSC 的附加高低及溢出设定值。见 PLS 数据类型
Sts	Output	UINT	HSC 功能块执行状态，见 HSC 状态值

7.2.2　HSC 功能块参数详解

（1）HSC 命令参数（HscCmd）

HSC 命令参数（HscCmd）描述如表 7.2 所列。

表 7.2　HSC 命令参数表

HSC 命令	命令描述
0x00	保留，未使用
0x01	执行 HSC：运行 HSC（如果 HSC 处于空闲模式，且梯级使能）；只更新 HSC 状态信息（如果 HSC 处于运行模式，且梯级使能）
0x02	停止 HSC，如果 HSC 处于运行模式，且梯级使能
0x03	上载或设置 HSC 应用数据配置信息（如果梯级使能）
0x04	重置 HSC 累加值（如果梯级使能）

注：表中"0x"表示十六进制数。

（2）HSCAPP 应用数据（HSCAppData）

HSCAPP 应用数据（HSCAppData）描述如表 7.3 所列。

表 7.3　HSCAPP 应用数据表

参　数	数据类型	描　　述
PLSEnable	BOOL	使能或停止可编程限位开关(PLS)
HscID	UNINT	要驱动的 HSC 编号
HSCMode	UNINT	要使用的 HSC 计数模式
Accumulator	DINT	设置计数器的计数初始值
HPSetting	DINT	高预设值
OFSetting	DINT	溢出设置值
UFSetting	DINT	下溢设置值
LPSetting	DINT	低预设值
HPOutput	UDINT	高预设值的 32 位输出值
OutputMask	UDINT	设置输出掩码
LPOutput	UDINT	低预设值的 32 位输出值

HSCAPP 应用数据表中 OutputMask 指令的作用是屏蔽 HSC 输出数据中的某几位,以获取期望的数据输出位。例如,对于 24 点的 Micro850,有 9 点本地(控制器自带)输出点用于输出数据,当不需要输出第零位的数据时,将 OutputMask 中的第零位置 0 即可。在此设置下,即使输出数据上的第零位为 1,也不会输出。

此外,必须设置 HscID、HSCMode、HPSetting、LPSetting、OFSetting、UFSetting 这六个参数,否则将提示 HSC 配置信息错误。上溢值最大为 +2 147 483 647,下溢值最小为 −2 147 483 647,预设值大小需与之对应,即高预设值不能比上溢值大,低预设值不能比下溢值小。当 HSC 计数值达到上溢值时,会将计数值置为下溢值继续计数;达到下溢值时类似。

HSCAPP 应用数据是 HSC 组态数据,需要在启动 HSC 前组态完毕。在 HSC 计数期间,该数据不能改变,除非需要重载 HSC 组态信息(在 HscCmd 中写 03 命令)。但是,在 HSC 计数期间的 HSC 应用数据改变请求将被忽略。

HscID 定义如表 7.4 所列。

表 7.4　HscID 定义表

位	描　述
15～13	HSC 的模式类型:0x00——本地;0x01——扩展式;0x02——插件端口
12～8	模块的插槽 ID:0x00——本地;0x01～0x1F——扩展模块的 ID;0x01～0x05——插件端口的 ID
7～0	模块内部的 HscID:0x00～0x0F——本地;0x00～0x07——HSC 的扩展 ID;0x00～0x07——HSC 的插件端口 ID。 初始版本的 Connected Components Workbench 只支持 0x00～0x05 范围的 ID

使用说明:将表中各位上符合实际要使用的 HSC 的信息数据组合为一个无符号整数,写到 HSCAppData 的 HscID 位置上即可。例如,选择控制器自带的第一个 HSC 接口,即 15～13 位为 0,表示 HSC 为本地 I/O;12～8 位为 0,表示是本地的通道,非扩展或嵌入式模块;7～0 位为 0,表示选择第 0 个 HSC,这样最终在定义的 HSCAppData 类型输入上的 HscID 位置上写入 0 即可。

HSC 模式(HSCMode)如表 7.5 所列。

表 7.5　HSC 模式

模　式	功　能
0	递增计数。累加器会在其达到高预设值时立即清零,此模式下不能定义低预设值
1	带有外部重置和保持功能的递增计数。累加器会在其达到高预设值时立即清零,此模式下不能定义低预设值
2	采用外部方向的计数器
3	采用外部方向并具有重置和保存功能的计数器
4	双输入计数器。递增计数和递减计数

模　式	功　　　能
5	带有外部重置和保持功能的双输入计数器。递增计数和递减计数
6	正交计数器（带相位输入 A、B 两相脉冲）
7	具有外部重置和保持功能的正交计数器（带相位输入 A、B 两相脉冲）
8	正交×4 计数器（带相位输入 A、B 两相脉冲）
9	具有外部重置和保持功能的正交×4 计数器（带相位输入 A、B 两相脉冲）

其中,正交×4 计数器是指 4 倍正交计数模式,如编码器旋转一圈输出 360 个脉冲信号,则正交计数模式将记录 360,而正交×4 计数模式将记录 1 440。

注意:主高速计数器(Micro850 2080-LC50-24QWB 分别为 HSC0、HSC2)支持以上十种 HSC 模式,子高速计数器(Micro850 2080-LC50-24QWB 分别为 HSC1、HSC3)支持五种 HSC 模式,且如果将主高速计数器设置为模式 1、3、5、7、9,则禁用子高速计数器。

（3）HSCSTS 数据类型（HSCStsInfo）

HSCSTS 数据类型（HSCStsInfo）如表 7.6 所列。该参数可以显示 HSC 的各种状态,大多是只读数据,其中一些标志可以用于逻辑编程。

表 7.6　HSCSTS 数据类型

参　数	数据类型	HSC 模式	程序访问	描　　　述
CountEnable	BOOL	0～9	只读	使能或停止 HSC 计数
ErrorDetected	BOOL	0～9	读取/写入	非 0 表示检测到错误
CountUpFlag	BOOL	0～9	只读	递增计数标志
CountDwnFlag	BOOL	2～9	只读	递减计数标志
Mode1Done	BOOL	0 或 1	读取/写入	HSC 是模式 1A 或 1B,累加器递增计数至 HP 的值
OVF	BOOL	0～9	读取/写入	检测到上溢
UNF	BOOL	0～9	读取/写入	检测到下溢
CountDir	BOOL	0～9	只读	1:递增计数;0:递减计数
HPReached	BOOL	2～9	读取/写入	达到高预设值
LPReached	BOOL	2～9	读取/写入	达到低预设值
OFCauseInter	BOOL	0～9	读取/写入	上溢造成 HSC 中断
UFCauseInter	BOOL	2～9	读取/写入	下溢造成 HSC 中断
HPCauseInter	BOOL	0～9	读取/写入	达到高预设值,导致 HSC 中断
LPCauseInter	BOOL	2～9	读取/写入	达到低预设值,导致 HSC 中断

参　数	数据类型	HSC 模式	程序访问	描　述
PlsPosition	UINT	0～9	只读	可编程限位开关(PLS)的位置,完成完整周期并达到 HP 值后,该参数会被复位
ErrorCode	UINT	0～9	读取/写入	错误代码,见 HSC 错误代码
Accumulator	DINT		读取/写入	读取累加器实际值
HP	DINT		只读	最新的高预设值设定
LP	DINT		只读	最新的低预设值设定
HPOutput	UDINT		读取/写入	最新的高预设输出值设定
LPOutput	UDINT		读取/写入	最新的低预设输出值设定

关于 HSC 状态信息数据结构(HSCSTS)的说明如下。

在 HSC 执行的周期里,HSC 功能块在"0x01"(HscCmd)命令下,其状态将会持续更新。在 HSC 执行的周期里,如果发生错误,错误检测标志将会打开,不同的错误情况对应表 7.7 中所列错误代码。

表 7.7　HSC 错误代码

错误代码位	HSC 计数时错误代码	错误描述
15～8(高字节)	0～255	高字节非 0 表示 HSC 错误由 PLS 数据设置导致。高字节的数值表示触发错误 PLS 数据中的数组编号
7～0(低字节)	0x00	无错误
	0x01	无效 HSC 计数模式
	0x02	无效高预设值
	0x03	无效上溢
	0x04	无效下溢
	0x05	无 PLS 数据

(4) PLS 数据结构(PlsData)

可编程限位开关(PLS)数据是一组数组,每组数组包括高、低预设值以及上、下溢出值。PLS 功能是 HSC 操作模式的附加设置。当允许该模式操作(PLSEnable 选通),每次达到一个预设值时,预设和输出数据将通过用户提供的数据而更新(即 PLS 数据中下一组数组的设定值)。所以,当需要对同一个 HSC 使用不同的设定值时,可以通过提供一个包含将要使用数据的 PLS 数据结构来实现。PLS 数据结构是一个大小可变的数组。注意:一个 PLS 数据体的数组个数不能大于 255。当 PLS 没有使能时,PLS 数据结构可以不用定义,PLS 数据结构元素作用如表 7.8 所列。

HSC 状态值(Sts 上对应的输出)如表 7.9 所列。

表 7.8 PLS 数据结构元素作用表

命令元素	数据类型	元素描述
字 0~1	DINT	高预设值设置
字 2~3	DINT	低预设值设置
字 4~5	UDINT	高位输出预设值
字 6~7	UDINT	低位输出预设值

表 7.9 HSC 状态值

HSC 状态值	状态描述
0x00	无动作(没有使能)
0x01	HSC 功能块执行成功
0x02	HSC 命令无效
0x03	HSC ID 超过有效范围
0x04	HSC 配置错误

在使用 HSC 计数时,注意应设置滤波参数,否则 HSC 将无法正常计数。该参数在硬件信息中,假设使用 HSC0 进行计数,由 Micro850 2080-LC50-24QWB 硬件信息可知,HSC0 输入编号是 input0~input1,设置滤波参数如图 7.8 所示。

图 7.8 设置滤波参数

高速计数器一般用于计数达到要求后触发中断,进而处理用户自定义的中断程序。单击控制器信息中的"中断"选项,随后在右侧"控制器-中断"界面内单击"添加"按钮,在弹出的"添加中断"界面内,可以设置中断及其相关参数,如图 7.9 所示。

在"中断详细信息"栏下,设置中断"类型"为"高速计数器(HSC)用户中断",触发该终端的"ID"是"HSC0",将要执行的中断"程序"是"Prog1"(用户自定义)。"参数"栏下各选项含义如下。

当"自动开始"参数被勾选时,只要控制器进入任何运行或测试模式,HSC 类型的用户中断将自动执行。该位的设置将作为程序的一部分被存储起来。

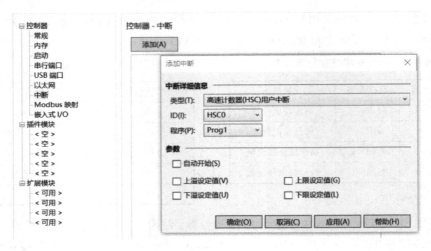

图 7.9　HSC 中断设置

当"上溢设定值"参数被勾选时,表示启用上溢中断;当其未被勾选时,即使 HSC 检测到"达到上溢"条件,也不会执行 HSC 用户中断。该参数可以由用户程序控制, 在断电重启过程中,参数设置会被保留。

此外,"下溢设定值"参数、"上限设定值"参数、"下限设定值"参数的设定与"上溢 设定值"参数设定含义类似。

7.2.3　HSC 状态设置功能块

HSC 状态设置功能块用于改变 HSC 计数状态。注意:HSC 功能块在不计数时 (停止)才能被调用,否则输入参数将会持续更新,且任何 HSC_SET_STS 功能块做 出的设置都会被忽略。该功能块如图 7.10 所示,其参数如表 7.10 所列。

图 7.10　HSC 状态设置功能块

表 7.10 HSC 状态设置功能块参数列表

参 数	参数类型	数据类型	描 述
HscID	Input	UINT 见 HSC 应用数据结构	欲设置的 HSC 状态
ModelDone	Input	BOOL	计数模式 1A 或 1B 已完成
HPReached	Input	BOOL	达到高预设值,当 HSC 不计数时,该位可重置为 False
LPReached	Input	BOOL	达到低预设值,当 HSC 不计数时,该位可重置为 False
OFOccurred	Input	BOOL	发生上溢,当需要时,该位可置为 False
UFOccurred	Input	BOOL	发生下溢,当需要时,该位可置为 False
Sts	Output	UINT	见 HSC 状态值
ENO	Output	BOOL	使能输出

7.2.4 HSC 应用示例

本小节将基于 5.3.3 小节中构建的电机正反转控制程序,具体介绍 HSC 功能块的配置步骤和使用方法。

（1）硬件设置

由 7.1.2 中的介绍可知,增量式光电旋转编码器输出 A 相信号和 B 相信号连接到了 Micro850 控制器的 I-06 和 I-07 输入端子上,使用 HSC3 对编码器输出脉冲个数进行计数。需要注意的是,首先要对 I-06、I-07 端子的"输入筛选器"进行设置,如图 7.11 所示,双击 Micro850 图标,在控制器→嵌入式 I/O 选项内,将输入 6-7 的输

控制器 - 嵌入式 I/O

输入筛选器		输入锁存和 EII 沿		
输入	输入筛选器	输入	启用锁存	EII 沿
0-1	默认	0	☐ 下降	下降
2-3	默认	1	☐ 下降	下降
4-5	默认	2	☐ 下降	下降
6-7	DC 5µs	3	☐ 下降	下降
8-9	默认	4	☐ 下降	下降
10-11	默认	5	☐ 下降	下降
12-13	默认	6	☐ 下降	下降
		7	☐ 下降	下降
		8	☐ 下降	下降
		9	☐ 下降	下降
		10	☐ 下降	下降
		11	☐ 下降	下降

图 7.11 HSC3 输入筛选器设置

入筛选器设置为 DC 5 μs。如果未设置输入筛选器,将会导致 HSC 无法正常工作。

(2) 梯形图程序设计

如图 7.12 所示,在 5.3.3 小节中构建的电机正反转控制程序基础上,增加梯级 6,利用 HSC 功能块、ANY_TO_REAL 功能块、除法功能块和加法功能块,将读取到的增量式光电旋转编码器脉冲信号转换为滚珠丝杠滑块的位移变化量,并依据滑块的初始位置计算出滑块最终的停止位置。

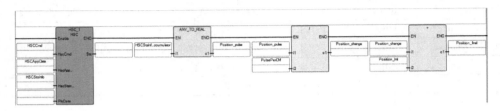

图 7.12　HSC 应用举例

梯级 6 中第一个功能块主要将自定义的全局变量与 HSC 功能块输入关联起来,其中,自定义全局变量 HscCmd、HSCAppData 和 HSCStsInfo 的名称、数据类型及功能作用均与功能块中的相应参数一致。如图 7.13 所示,HscCmd 初始值为 1,其含义详见 7.2.2 小节中 HSC 命令参数部分。HSCAppData.HscID 初始值为 3,表示选择 HSC3 计数器。HSCAppData.HscMode 初始值为 6,表示选择正交计数器。HSCAppData.HPSetting 暂时设置为 100 000,HSCAppData.LPSetting 暂时设置为 −100 000,HSCAppData.OFSetting 暂时设置为 110 000,HSCAppData.UFSetting 暂时设置为 −110 000。

HSCCmd		USINT	1
HSCAppData		HSCAPF	
	HSCAppData.PlsEnable	BOOL	
	HSCAppData.HscID	UINT	3
	HSCAppData.HscMode	UINT	6
	HSCAppData.Accumulator	DINT	
	HSCAppData.HPSetting	DINT	100000
	HSCAppData.LPSetting	DINT	-100000
	HSCAppData.OFSetting	DINT	110000
	HSCAppData.UFSetting	DINT	-110000
	HSCAppData.OutputMask	UDINT	
	HSCAppData.HPOutput	UDINT	
	HSCAppData.LPOutput	UDINT	

图 7.13　HSC3 应用数据配置

第二个功能块 ANY_TO_REAL 是将 HSCStsInfo.Accumulator 读取到的累加器实时值由 DINT 型转换为 REAL 型,并将其存储到全局变量 Position_pulse 中。

第三个除法功能块实现的是编码器脉冲信号向丝杠滑块位移变化量的转换,由 7.1 节中介绍的滚珠丝杠和编码器参数可知,滚珠丝杠每旋转一周,滑块将移动一个螺距,即 4 mm;编码器每旋转一周,A 相和 B 相均会输出 360 个脉冲,HSC 在模式 6 下将会计数 360。显然,若滚珠丝杠上的滑块移动 1 cm,HSC 将会计数 900,则设置全局变量 PulsePerCM 表示滑块每移动 1 cm 编码器应发出的脉冲数,其初始值为 900。全局变量 Position_pulse 除以全局变量 PulsePerCM 即可得到滑块的位移变化,其值存储到全局变量 Position_change 中。

第四个加法功能块将代表滑块初始位置的全局变量 Position_Init(初始值为 20)与代表滑块位移变化的全局变量 Position_change 相加,即得出滑块最终的停止位置,其值存储到全局变量 Position_final 当中。

(3)丝杠位置的实时显示

如图 7.14 所示,以指针左边缘为准,丝杠滑块的初始位置位于 20 cm 处。

图 7.14 丝杠滑块的初始位置

利用电机正反转控制程序驱动丝杠运行,随意运行一段时间后停止。如图 7.15 所示,程序所计算出的滑块最终停止位置约在 27.778 cm 处。

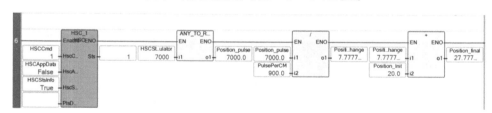

图 7.15 滑块实时位置计算

如图 7.16 所示,以指针左边缘为准,丝杠滑块最终停止位置与程序计算结果基本相符,有效验证了 HSC 功能块的功能及其在实际系统中的典型应用。

图 7.16 丝杠滑块最终停止位置

7.3　丝杠运动控制系统应用设计示例

　　本节中应用设计示例将以 5.3.3 小节中的丝杠滑块往复运动控制程序为基础，利用 HOTS 系统实验平台中 Micro850 控制器、PowerFlex525 变频器和 2711R-T7T 型触摸屏重新设计基于触摸屏的丝杠滑块往复运动控制及显示系统。

7.3.1　硬件设置

　　由于本例中将使用 Micro850 控制器的 HSC3 对编码器输出脉冲个数进行计数、I-11 端子对丝杠底座铝制格尺 0 mm 处限位开关的通断状态进行采集，为消除硬件开关量中的"抖动"干扰，首先需要对 I-06 端子、I-07 端子、I-11 端子的"输入筛选器"进行设置，如图 7.17 所示，将输入 6-7、输入 10-11 的"输入筛选器"设置为 DC 5 μs。

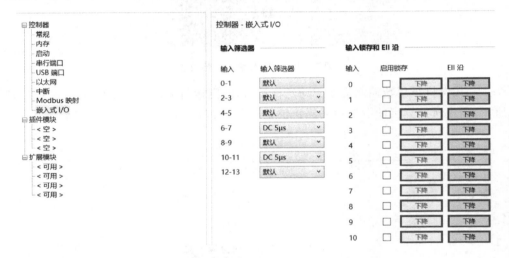

图 7.17　丝杠运动控制系统应用例程硬件设置

7.3.2　Micro850 控制程序设计

　　图 7.18 所示是对 5.3.3 小节中丝杠滑块往复运动控制程序的梯级 2 重新进行了设计，当正向接触开关 StartFwd 由 False 变为 True 时，使能直接传送指令功能块 MOV，将全局变量 run 中保存的"执行 HSC 命令"（无符号短整型 0x01，见 7.2.2 小节中的 HSC 命令参数表）传递给 HSC 功能块。梯级 2 在启动变频器正向运行的同时，执行 HSC。

　　梯级 3 中正向接触开关 StartRev、直接传送指令功能块 MOV 的功能与梯级 2 中 StartFwd 和 MOV 的功能类似，是实现变频器反向启动运行和执行 HSC 的主要控制元件。此外，正向接触开关 home 与触摸屏界面中新增的返回零位按钮关联，如

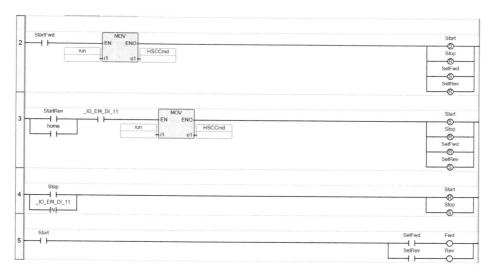

图 7.18　丝杠运动控制系统应用例程梯级 2～5

此设置的原因在于,滑块回归零位的实质是电机反向驱动滑块运行至丝杠底座上铝制格尺的起始位置,也就是铝制格尺的 0 mm 处。正向接触开关_IO_EM_DI_11 的状态由铝制格尺 0 mm 处的限位开关决定,一旦滑块触碰到限位开关,限位开关的常闭触点断开,对应输入信号_IO_EM_DI_11 由 True 变为 False,梯级 3 中的反向启动运行功能即失效,此时丝杠只能正向启动运行。

　　梯级 4 在 5.3.3 小节中梯形图的基础上增加了脉冲下降沿接触开关_IO_EM_DI_11,其作用在于,一旦滑块碰到 0 mm 处限位开关,输入信号_IO_EM_DI_11 状态发生变化,梯级 4 将会使变频器停止运行。

　　梯级 5 与 5.3.3 小节中程序的原功能一致,实现了变频器正反向运行的显示。

　　梯级 6 利用正向接触开关_IO_EM_DI_11、直接线圈 not_zero 实现丝杠滑块的零位显示,当滑块离开零位时,铝制格尺 0 mm 处限位开关的常闭触点闭合,对应输入信号_IO_EM_DI_11 为 True,全局变量 not_zero 也为 True,表示丝杠滑块不在零位;当滑块到达零位时,铝制格尺 0 mm 处限位开关的常闭触点断开,对应输入信号_IO_EM_DI_11 为 False,全局变量 not_zero 也为 False,表示丝杠滑块已经回归零位。

　　梯级 7 利用脉冲下降沿接触开关_IO_EM_DI_11、直接传送指令功能块 MOV实现对 HSC 累加值的重置。当丝杠滑块碰到 0 mm 处限位开关时,脉冲下降沿接触开关_IO_EM_DI_11 使能,将全局变量 zero 中保存的"0"赋予 HSCAppData. Accumulator,同时将全局变量 clr 中保存的"重置 HSC 累加值命令"(无符号短整型0x04,见 7.2.2 小节中 HSC 命令参数表)传递给 HSC 功能块。梯级 7 实现丝杠滑块返回零位的同时,将 HSC 累加值重置为 0。

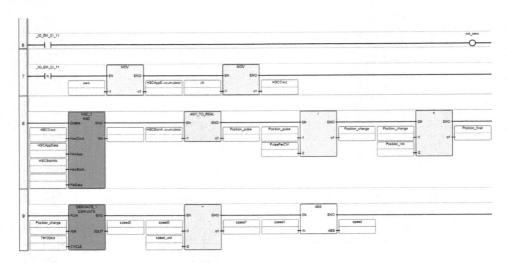

图 7.19　丝杠运动控制系统应用程序梯级 6 至梯级 9

梯级 8 与 7.2.4 小节中示例的功能一致,实现对滑块最终停止位置的计算。

梯级 9 利用 DERIVATE 功能块、乘法功能块,根据梯级 8 中得到的丝杠滑块位移变化量计算出滑块的移动速度。

本例程所关联的全局变量数据类型和初始值如图 7.20 所示。

Fwd	BOOL				
Rev	BOOL				
IPAddress	STRING		'192.168.1.3'		80
Start	BOOL				
Stop	BOOL				
SetFwd	BOOL				
SetRev	BOOL				
speedref	REAL		13.0		
StartFwd	BOOL				
StartRev	BOOL				
HSCCmd	USINT		1		
HSCAppData	HSCAPP		...	...	
HSCStsInfo	HSCSTS		...	...	
Position_pulse	REAL				
PulsePerCM	REAL		900.0		
Position_change	REAL				
Position_Init	REAL		0.4		
Position_final	REAL				
speed	REAL				
speed0	REAL				
speed1	REAL				
speed_unit	REAL		1000.0		
home	BOOL				
not_zero	BOOL				
clr	USINT		4		
run	USINT		1		
zero	DINT		0		

图 7.20　丝杠运动控制系统应用例程中的全局变量

7.3.3　触摸屏界面设计

基于触摸屏的丝杠滑块往复运动控制及显示系统触摸屏界面如图 7.21 所示,显示屏标签定义如图 7.22 所示。

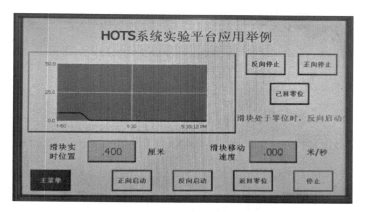

图 7.21　HOTS 系统实验平台应用示例中的触摸屏界面

标签名称	数据类型	地址	控制器	描述
TAG0001	Boolean	StartFwd	PLC-1	
TAG0002	Boolean	StartRev	PLC-1	
TAG0003	Boolean	Stop	PLC-1	
TAG0004	Boolean	Fwd	PLC-1	
TAG0005	Boolean	Rev	PLC-1	
TAG0006	Real	speed	PLC-1	
TAG0007	Real	Position_final	PLC-1	
TAG0008	Real	not_zero	PLC-1	
TAG0009	Boolean	home	PLC-1	

外部　内存　系统　全局连接

添加　删除　撤消　重做

图 7.22　HOTS 系统实验平台应用例程触摸屏标签定义

本示例中的触摸屏界面以 6.2.1 小节中创建的界面为基础,添加一个蓝色瞬时按钮,与标签 TAG0009 建立链接,与 Micro850 控制器中的全局变量 home 关联。添加两个数字显示,其中一个与标签 TAG0006 建立链接,与 Micro850 控制器中的全局变量 speed 关联,用于显示滑块的移动速度;另一个与标签 TAG0007 建立链接,与 Micro850 控制器中的全局变量 Position_final 关联,用于显示滑块的实时位置。添加一个多态指示器,与标签 TAG0008 建立链接,与 Micro850 控制器中的全局变量 not_zero 关联,用于显示丝杠滑块是否处于零位。

如图 7.23 所示,添加一个趋势显示,与标签 TAG0007 建立链接,与 Micro850 控制器中的全局变量 Position_final 关联,通过曲线显示滑块位置的变化。

画笔   ×

名称： Trend_1
类型： 趋势

添加   删除

	读标签	外观线条颜色	外观线型	外观线条宽度
▶ 1	TAG0007 ∨	▓▓▓▓▓ ∨	实线 ∨	3

确定   取消

图 7.23　趋势显示设置界面

7.3.4　运行结果

（1）丝杠滑块处于零位

丝杠滑块处于零位时的指针位置如图 7.24 所示，由于受铝制格尺 0 mm 处限位开关安装位置的影响，丝杠滑块指针（左侧边沿）难以真正指向 0 mm，因此可将 4 mm 位置设置为零位，并将代表滑块初始位置的全局变量 Position_Init 的初始值设置为 0.4。

图 7.24　丝杠滑块处于零位时的指针位置

丝杠滑块处于零位时的触摸屏显示如图 7.25 所示，显示内容与期望设计逻辑一致。

（2）丝杠滑块正向运行

丝杠滑块处于正向运行时的触摸屏显示如图 7.26 所示，由图中可见趋势显示出滑块位置的变化曲线，两个数字显示分别显示滑块的实时位置和实时移动速度，显示内容与期望设计逻辑一致。

（3）丝杠滑块反向运行

丝杠滑块处于反向运行时的触摸屏显示如图 7.27 所示，显示内容与期望设计逻辑一致。

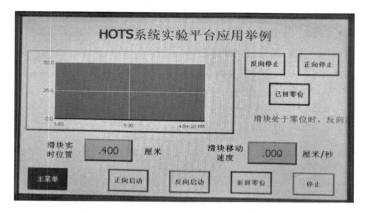

图 7.25　丝杠滑块处于零位时的触摸屏显示

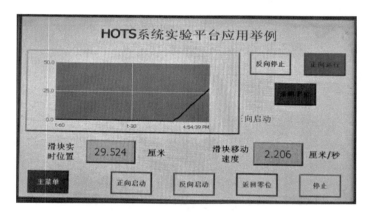

图 7.26　丝杠滑块正向运行时的触摸屏显示

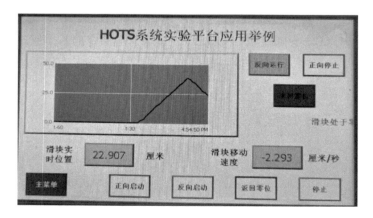

图 7.27　丝杠滑块反向运行时的触摸屏显示

（4）丝杠滑块停止运行

在丝杠滑块运行过程中按下停止按钮后的触摸屏显示如图 7.28 所示,丝杠滑块停止运行时的指针位置如图 7.29 所示。

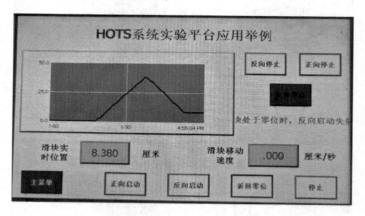

图 7.28　丝杠滑块停止运行时的触摸屏显示

图 7.29　丝杠滑块停止运行时的指针位置

读者可以基于本示例,利用 HOTS 系统实验平台,进一步熟悉并掌握 Micro850 控制器、PowerFlex525 变频器和 2711R-T7T 型触摸屏系统的基本原理与典型应用。

第**8**章

HOTS 系统实验教学实例

8.1　实验一:二进制操作实验

1. 实验目的

（1）学习 HOTS 系统实验平台的组成及各个部件的工作原理。

（2）学习并掌握 CCW 软件的使用方法。

（3）学习并掌握 CCW 软件环境下的梯形图编程方法。

（4）熟悉并掌握常用二进制操作功能块的使用方法。

2. 实验内容

（1）利用 HOTS 系统实验平台内的实物按钮和指示灯,完成对二进制操作功能块中"与""非""或""异或"等功能的验证。

（2）完成特定功能逻辑程序的设计与验证。

3. 预习要求

阅读本书第 3 章中关于 CCW 软件环境的介绍,熟悉 CCW 软件环境下新项目的创建过程,掌握梯形图程序的下载方法和调试方法。

4. 实验设备

（1）HOTS 系统实验平台中的 Micro850 2080-LC50-24QWB 型控制器。

（2）HOTS 系统实验平台中的按钮开关、指示灯。

（3）安装有 CCW 软件的计算机。

5. 实验步骤

（1）按钮开关与指示灯的 I/O 接口配置

如图 8.1 所示,HOTS 系统实验平台操作与显示面板上安装有 5 盏 LED 灯、3 个常开按钮开关、1 个常闭按钮开关、1 个三挡旋钮开关。上述元件与 Micro850 2080-LC50-24QWB 外部接线端子的连接情况如表 8.1 所列。

图 8.1　HOTS 系统实验平台操作与显示面板

表 8.1　HOTS 系统实验平台操作与显示面板与 Micro850 外部 I/O 端子连接情况

输入元件	Micro850 外部端子	输出元件	Micro850 外部端子
红色常开按钮	I-00	红色 LED 灯	O-00
绿色常开按钮	I-01	绿色 LED 灯	O-01
橙色常开按钮	I-02	橙色 LED 灯	O-02
蓝色常闭按钮	I-03	蓝色 LED 灯	O-03
三挡旋钮开关	I-04(左旋) I-05(右旋)	白色 LED 灯	O-04

（2）新项目创建与控制器网络地址设置

参照本书 3.1.2 小节和 3.3.1 小节中的内容，选择 Micro850 2080-LC50-24QWB 型控制器，将其 IP 地址设置为 192.168.1.2。

（3）实验例程

实验例程如图 8.2 所示，利用 HOTS 系统实验平台操作与显示面板上的红色常开按钮和绿色常开按钮作为信号输入，红色 LED 灯、绿色 LED 灯、橙色 LED 灯作为信号输出显示。

梯级 1 实现对"与"功能块的验证，当红色按钮、绿色按钮同时被按下时，_IO_EM_DI_00 与_IO_EM_DI_01 的信号同时由 False 变为 True，_IO_EM_DO_00 的信号则由 False 变为 True，显示面板上的红色 LED 灯亮起。

梯级 2 实现对"或"功能块的验证，当红色按钮和绿色按钮中至少有一个被按下时，_IO_EM_DI_00 与_IO_EM_DI_01 的信号中至少有一个由 False 变为 True，_IO_EM_DO_01 的信号由 False 变为 True，显示面板上的绿色 LED 灯亮起。

梯级 3 实现对"异或"功能块的验证，当红色按钮和绿色按钮有且只有一个被按下时，_IO_EM_DI_00 与_IO_EM_DI_01 的信号中有且只有一个由 False 变为 True，_IO_EM_DO_02 的信号由 False 变为 True，显示面板上的橙色 LED 灯亮。

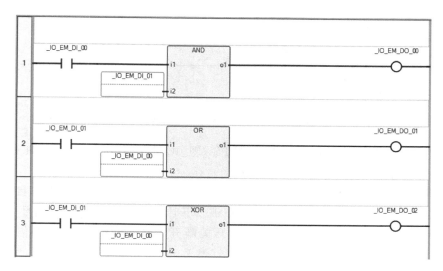

图 8.2　二进制操作功能块实验例程

如果不使用二进制操作功能块,而是采用正向接触开关、反向接触开关直接构建"与""或""异或"逻辑关系,上述例程也可以表示为图 8.3 中的形式。

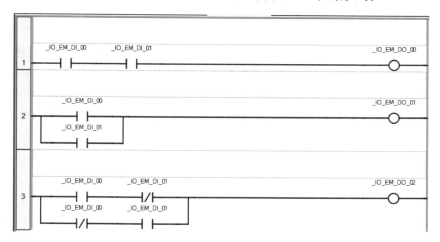

图 8.3　不使用功能块时的二进制操作例程

(4) 单盏 LED 灯亮灭控制例程

如图 8.4 所示单盏 LED 灯亮灭控制例程,利用 HOTS 系统实验平台操作面板上的红色常开按钮作为点亮按钮、绿色常开按钮作为熄灭按钮,从而控制显示面板上红色 LED 灯的亮和灭。

当红色按钮被按下时,_IO_EM_DI_00 的信号由 False 变为 True,所对应梯形图中的正向接触开关闭合。此时绿色按钮未被按下,_IO_EM_DI_01 的信号始终为

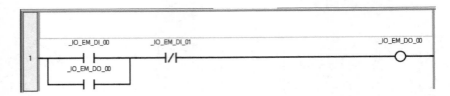

图 8.4 单盏 LED 灯亮灭控制例程

False,所对应梯形图中的反向接触开关闭合,则_IO_EM_DO_00 的信号由 False 变为 True,显示面板上的红色 LED 灯亮起。

此时_IO_EM_DO_00 的信号所对应左侧的正向接触开关闭合,发挥自锁的作用,保持红色 LED 灯常亮。直到绿色按钮被按下时,_IO_EM_DI_01 的信号由 False 变为 True,所对应梯形图中的反向接触开关断开,_IO_EM_DO_00 的信号则由 True 变为 False,显示面板上的红色 LED 灯熄灭。

(5)程序下载

参照本书 3.3.3 小节中的内容,将单盏 LED 灯亮灭控制例程下载到 Micro850 控制器,测试并观察实验例程的运行结果。

6. 设计题目

(1)双 LED 灯亮灭切换控制逻辑设计:以单盏 LED 灯亮/灭控制例程为基础,利用 HOTS 系统实验平台操作面板上的红色常开按钮、绿色常开按钮、橙色常开按钮,以及显示面板上的红色 LED 灯和绿色 LED 灯,设计双 LED 灯亮/灭切换控制逻辑。要求:按一下红色按钮后,红色 LED 灯持续发光,此时按一下绿色按钮,红色 LED 灯熄灭,绿色 LED 灯持续发光,再次按一下红色按钮,可重新切换为红色 LED 灯持续发光。不论是处于红色 LED 灯发光状态还是绿色 LED 灯发光状态,只要按一下橙色按钮,两个 LED 灯均熄灭。再次按下红色按钮或绿色按钮时,系统可继续运行。

(2)三人抢答器控制逻辑设计:利用 HOTS 系统实验平台操作面板上的红色常开按钮、绿色常开按钮、橙色常开按钮、蓝色常闭按钮,以及显示面板上的红色 LED 灯、绿色 LED 灯、橙色 LED 灯,设计三人抢答器控制逻辑。要求:红色、绿色、橙色按钮作为抢答按钮,蓝色按钮作为复位按钮。当任意一个抢答按钮被按下时,其对应颜色的 LED 灯持续亮,此时按下另外两个抢答按钮,则无任何动作,直到复位按钮被按下后,系统又能恢复到等待抢答状态。

7. 实验报告要求

(1)简要总结本实验的实验目的和基本实验内容。

(2)在报告中展示所完成设计题目要求的梯形图程序的截图或照片,并对系统的实现方法和控制逻辑进行简要说明。

8.2 实验二:计时器功能块实验

1. 实验目的

(1) 进一步学习 HOTS 系统实验平台的组成及各个部件的工作原理。

(2) 学习并掌握 CCW 软件的使用方法。

(3) 学习并掌握 CCW 软件环境下的梯形图编程方法。

(4) 熟悉并掌握计时器功能块的使用方法。

2. 实验内容

(1) 利用 HOTS 系统实验平台内的实物按钮和指示灯,完成对计时器功能块典型使用方法的验证。

(2) 完成对特定功能逻辑程序的设计与验证。

3. 预习要求

阅读本书第 3 章中关于 CCW 软件环境的介绍,熟悉 CCW 软件环境下新项目的创建过程,进一步掌握梯形图程序的下载方法和调试方法。阅读本书第 4 章中关于计时器功能块的介绍,熟悉计时器功能块的使用方法。

4. 实验设备

(1) HOTS 系统实验平台中的 Micro850 2080-LC50-24QWB 型控制器。

(2) HOTS 系统实验平台中的按钮开关、指示灯。

(3) 安装有 CCW 软件的计算机。

5. 实验步骤

(1) 按钮开关与指示灯的 I/O 接口配置

参照 8.1 节实验一中按钮开关与指示灯的 I/O 接口配置介绍,复习 HOTS 系统实验平台操作与显示面板同 Micro850 外部 I/O 端子的连接情况。

(2) 计时器功能块实验例程

实验例程如图 8.5 所示,利用 HOTS 系统实验平台操作与显示面板上的红色常开按钮和绿色常开按钮作为信号输入,红色 LED 灯、绿色 LED 灯、橙色 LED 灯作为信号输出显示,实现红色 LED 灯、绿色 LED 灯、橙色 LED 灯间隔 3 s 依次点亮的控制逻辑,梯形图控制程序功能如下。

梯级 1 实现红色 LED 灯点亮与保持功能,当红色按钮被按下时,_IO_EM_DI_00 的信号由 False 变为 True,与其关联的正向接触开关闭合,此时绿色按钮未被按下,_IO_EM_DI_01 的信号保持 False 状态,与其关联的反向接触开关保持闭合,则有_IO_EM_DO_00 信号由 False 变为 True,显示面板上的红色 LED 灯亮。此外,_IO_EM_DO_00 信号所对应左侧的正向接触开关闭合,发挥自锁的作用,保持红色

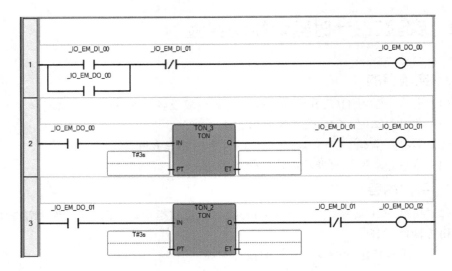

图 8.5　计时器功能块实验例程

LED 灯常亮。

梯级 2 实现绿色 LED 灯点亮与保持功能,当_IO_EM_DO_00 的信号由 False 变为 True 时,梯级 2 中与其对应的正向接触开关闭合,使能计时器功能块。计时器功能块计时 3 s 后,其输出 Q 的状态由 False 变为 True,此时绿色按钮未被按下,_IO_EM_DI_01 的信号保持 False 状态,与其关联的反向接触开关保持闭合,则有_IO_EM_DO_01 信号由 False 变为 True,显示面板上的绿色 LED 灯亮起并保持。

梯级 3 实现橙色 LED 灯点亮起与保持功能,其原理与梯级 2 类似。

此外,当绿色按钮被按下时,_IO_EM_DI_01 的信号由 False 变为 True,梯级 1~3 中与相关联的反向接触开关断开,红色 LED 灯、绿色 LED 灯、橙色 LED 灯同时熄灭。

6. 设计题目

(1) 3 盏 LED 灯依次点亮、依次熄灭控制逻辑设计:以例程中 3 盏 LED 灯间隔 3 s 依次点亮的控制逻辑为基础,利用 HOTS 系统实验平台操作面板上的红色常开按钮、绿色常开按钮,以及显示面板上的红色 LED 灯、绿色 LED 灯、橙色 LED 灯,设计 3 盏 LED 灯依次点亮、依次熄灭控制逻辑。要求:按一下红色按钮后,红色 LED 首先点亮并持续发光;间隔 3 s 后,绿色 LED 点亮并持续发光;间隔 3 s 后,橙色 LED 点亮并持续发光。3 盏灯同时发光后,按一下绿色按钮,橙色 LED 灯首先熄灭;间隔 3 s 后绿色 LED 灯熄灭;间隔 3 s 后红色 LED 灯熄灭。3 盏灯熄灭后,再次按下红色按钮,系统控制逻辑可重复运行。

(2) 5 盏 LED 灯轮流并循环点亮控制逻辑设计:利用 HOTS 系统实验平台操作面板上的红色常开按钮、绿色常开按钮,以及显示面板上的红色 LED 灯、绿色 LED

灯、橙色 LED 灯、蓝色 LED 灯和白色 LED 灯,设计 5 盏 LED 灯轮流并循环点亮控制逻辑。要求:按一下红色按钮后,间隔 100 ms,红色 LED 灯点亮,红色 LED 灯持续发光 100 ms 后熄灭并点亮绿色 LED 灯,依此类推,绿色、橙色、蓝色、白色 LED 灯依次点亮,点亮的同时熄灭前一盏灯,白色 LED 灯熄灭的同时,红色 LED 灯再次点亮,自动开启下一轮循环。循环过程中,按下绿色按钮,所有 LED 灯熄灭,循环过程停止,直到按下红色按钮。系统控制逻辑可重复运行。

7. 实验报告要求

(1) 简要总结本实验的实验目的和基本实验内容。

(2) 在报告中展示所完成设计题目要求的梯形图程序的截图或照片,并对系统的实现方法和控制逻辑进行简要说明。

8.3 实验三:计数器、比较、算术类功能块实验

1. 实验目的

(1) 进一步学习 HOTS 系统实验平台的组成及其各个部件的工作原理。

(2) 学习并掌握 CCW 软件的使用方法。

(3) 学习并掌握 CCW 软件环境下梯形图编程方法。

(4) 熟悉并掌握计数器、比较、算术类功能块的使用方法,掌握计数器、比较、算术类功能块参数的设置方法。

2. 实验内容

(1) 利用 HOTS 系统实验平台内的实物按钮和指示灯,完成对计数器、比较、算术类功能块使用方法的验证。

(2) 综合运用计数器、比较、算术类功能块完成对特定功能逻辑程序的设计与验证。

3. 预习要求

阅读本书第 3 章中关于 CCW 软件环境的介绍,熟悉 CCW 软件环境下新项目的创建过程,进一步掌握梯形图程序的下载方法和调试方法。阅读本书第 4 章中关于计数器、比较、算术类功能块的介绍,熟悉计数器、比较、算术类功能块的使用方法,掌握书中计时器功能块验证程序——递增/递减计数器的控制逻辑和参数设置对系统工作性能的影响。

4. 实验设备

(1) HOTS 系统实验平台中的 Micro850 2080-LC50-24QWB 型控制器。

(2) HOTS 系统实验平台中的按钮开关、指示灯。

(3) 安装有 CCW 软件的计算机。

5. 实验步骤

（1）配置按钮开关与指示灯的 I/O 接口。参照 8.1 节实验一中所介绍的按钮开关与指示灯的 I/O 接口配置，复习 HOTS 系统实验平台操作与显示面板和 Micro850 外部 I/O 端子的连接情况。

（2）如图 8.6 所示，完成对递增/递减计数器的搭建和功能验证。各个梯级的逻辑功能可参照 4.3.4 小节中有关计时器功能块验证程序的内容。

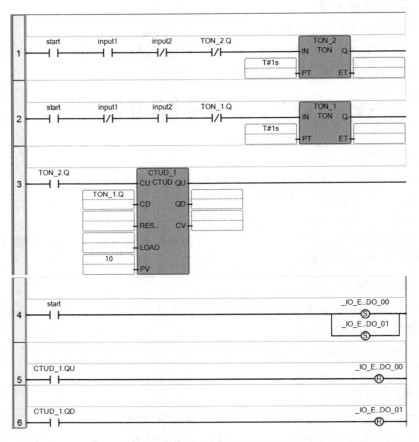

图 8.6　递增/递减计数器实验例程

（3）结合 8.1 节实验一中设计题目（1）提出的双 LED 灯亮/灭切换控制逻辑的设计思路，利用 HOTS 系统实验平台操作面板上的红色常开按钮、绿色常开按钮、橙色常开按钮，设计一个基于按钮控制的递增/递减计数器。要求：按一下红色按钮后，计数器递增计数，此时按一下绿色按钮，计数器递减计数，再次按一下红色按钮，可重新切换为递增计数。同时，不论计数器是处于递增计数状态还是递减计数状态，只要按一下橙色按钮，均停止计数。再次按下红色按钮或绿色按钮，系统可继续运行。

（4）复习常用算术类功能块、比较功能块的功能和使用方法，如表 8.2 和表 8.3 所列。

表 8.2 常用算术类功能块

常用算术类功能块	实现的功能
Addition(加法指令)	两个或两个以上变量相加
Subtraction(减法指令)	两个变量相减
MOD(除法余数)	取模数
Division(除法指令)	两个变量相除
MOV(直接传送)	把一个变量分配到另一个中
Multiplication(乘法指令)	两个或两个以上变量相乘

表 8.3 比较功能块指令用途

功能块	描 述
Equal(等于)	比较两数是否相等
Greater Than(大于)	比较两数是否一个大于另一个
Greater Than or Equal(大于或等于)	比较两数是否其中一个大于或等于另一个
Less Than(小于)	比较两数是否一个小于另一个
Less Than or Equal(小于或等于)	比较两数是否其中一个小于等于另一个

综合应用算术类功能块、比较功能块，以实验步骤(3)中基于按钮控制的递增/递减计数器为基础，完成设计题目所要求的内容。

6. 设计题目

四位二进制计数显示：以实验步骤(3)中基于按钮控制的递增/递减计数器为基础，利用 HOTS 系统实验平台操作面板上的红色常开按钮、绿色常开按钮、橙色常开按钮，以及显示面板上的红色 LED 灯、绿色 LED 灯、橙色 LED 灯、蓝色 LED 灯，设计四位二进制计数显示控制逻辑。要求：蓝色 LED 灯代表最高位，其余位由高到低依次以橙色 LED、绿色 LED、红色 LED 代表，按一下红色按钮开始递增计数，间隔 1 s 后红色 LED 灯发光，其余 LED 熄灭，代表 0001。随后，间隔 1 s 后，绿色 LED 灯发光，其余 LED 熄灭，代表 0010，依此类推，直到 15 s 后递增至全部 LED 灯发光，代表 1111 时，系统停止计数。此时若按一下绿色按钮，将开始递减计数，直到 15 s 后递减至全部 LED 灯熄灭，代表 0000 时，系统停止计数。不论是在递增计数还是递减计数过程中，只要按下橙色按钮，系统将停止计数，直到再次按下红色或绿色按钮，系统将继续递增/递减计数。

此外，在以上逻辑基础上，利用 HOTS 系统实验平台操作面板上的三挡旋钮开关实现重置和加载功能。要求：不论是在重置状态还是递增计数或递减计数过程中，只要将旋钮开关左旋，全部 LED 灯发光，直接进入并保持在 1111 的加载状态，直到按下绿色按钮，系统才会进入递减计数状态；不论是在加载状态还是递增计数或递减计数过程中,只要将旋钮开关右旋,全部 LED 灯熄灭,直接进入并保持在 0000 的重置状态,直到按下红色按钮,系统才会进入递增计数状态。

7. 实验报告要求

(1)简要总结本实验的实验目的和基本实验内容。

(2)在报告中展示所完成设计题目要求的梯形图程序的截图或照片,并对系统的实现方法和控制逻辑进行简要说明。

8.4 实验四:变频器-电机系统控制实验

1. 实验目的

(1)进一步学习 HOTS 系统实验平台内变频器-电机系统的组成及工作原理。

(2)学习 RA_PFx_ENET_STS_CMD 自定义功能块参数的定义和设置方法,熟悉并掌握该自定义功能块的使用方法。

(3)掌握变频器-电机系统基本控制逻辑的设计和调试方法。

2. 实验内容

(1)利用 HOTS 系统实验平台内的变频器-电机系统、实物按钮和指示灯,完成对自定义功能块 RA_PFx_ENET_STS_CMD 使用方法的验证。

(2)综合运用各类功能块,完成对变频器-电机系统特定功能逻辑程序的设计与验证。

3. 预习要求

阅读本书第 2 章中关于变频器和三相异步电动机的介绍,阅读第 5 章中关于变频器配置和 RA_PFx_ENET_STS_CMD 自定义功能块的介绍,熟悉变频器项目的创建及配置过程,了解 RA_PFx_ENET_STS_CMD 自定义功能块各参数对电机运行状态的影响。

4. 实验设备

(1)HOTS 系统实验平台中的 Micro850 2080-LC50-24QWB 型控制器。

(2)HOTS 系统实验平台中的按钮开关、指示灯。

(3)HOTS 系统实验平台中的 PowerFlex 525 变频器。

(4)安装在丝杠运动控制系统中的三相异步电动机。

(5)安装有 CCW 软件的计算机。

5. 实验步骤

(1)确认 PowerFlex 525 变频器接线

实验开始前,首先需要确认变频器所有端子接线是否正确且牢固。由于变频器接线涉及对高电压端子的操作,因此,所有接线均由指导教师在实验开始前完成,学生可在设备通电之前确认变频器上连接的导线和网线是否牢固,如果出现连接松动或导线脱落等不正常现象,应及时联系指导教师解决,切勿自行接线或直接给设备通电。

（2）调整丝杠滑块位置

由于本实验中的控制对象三相异步电动机是丝杠运动控制系统中丝杠滑块的驱动装置,因此,实验过程中三相异步电动机的运行会导致丝杠滑块位置发生改变。为了避免滑块在丝杠两端时因机械限位停止运行而导致三相异步电动机堵转,在调试实验系统之前,需要将丝杠滑块位置调整到丝杠的中间位置（250 mm）处,可以通过手动旋转联轴器的方式改变丝杠滑块的位置。

（3）确认 PowerFlex 525 变频器急停按钮

如图 8.7 所示,PowerFlex 525 变频器机壳上的急停按钮位于操作面板的右下角,标志是红色圆圈。实验过程中如果遇到紧急情况,直接按下急停按钮。

（4）变频器控制程序搭建和功能验证

如图 8.8～8.10 所示,完成对变频器控制程序的搭建和功能验证。各个梯级的

图 8.7　PowerFlex 525 的
急停按钮

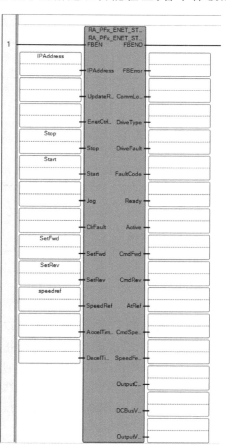

图 8.8　电机正反转控制程序梯级 1

逻辑功能可参照 5.2.3 小节 RA_PFx_ENET_STS_CMD 功能块应用示例中电机正反转控制程序的相关内容。

IPAddress	STRING	▼		'192.168.1.3'		80
Start	BOOL	▼				
Stop	BOOL	▼				
SetFwd	BOOL	▼				
SetRev	BOOL	▼				
speedref	REAL	▼		13.0		
StartFwd	BOOL	▼				
StartRev	BOOL	▼				
StopAll	BOOL	▼				

图 8.9　电机正反转控制程序中的全局变量

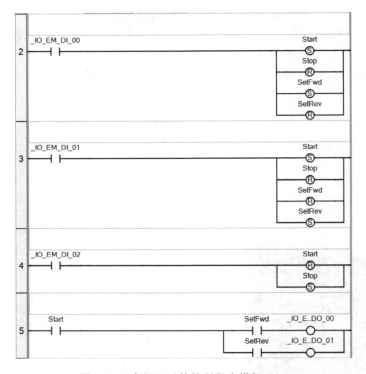

图 8.10　电机正反转控制程序梯级 2～5

　　显然,电机正反转控制程序实现以下控制:按下操作面板上的正向启动(红色按钮)后,电机正向持续旋转,正向运行指示灯(红色 LED 灯)持续亮;当按下操作面板上的反向启动(绿色按钮)后,电机反向持续旋转,反向运行指示灯(绿色 LED 灯)持续亮。电机运行过程中,正向和反向两种状态可以随意切换,且不论在正向运行还是反向运行时,按下操作面板上的停止按钮(橙色按钮),电机停止运行,且运行指示灯熄灭。

　　将电机正反转控制程序下载到 Micro850 控制器,验证控制逻辑是否正确,同时确认 PowerFlex 525 变频器急停按钮工作是否正常。

在电机正反转控制程序中,将全局变量 speedref 初始值修改为 6、26、39,观察丝杠滑块运行速度的变化,进一步熟悉变频器-电机系统的运行特点。当 speedref 初始值为 26、39 时,注意及时控制丝杠滑块的位置,防止其到达丝杠两端引起机械限位。

接下来,将以上述实验内容为基础,完成设计题目所要求的内容。

6. 设计题目

利用丝杠系统中的光电传感器,对滑块运动范围进行控制。丝杠底座上安装有 3 个光电传感器(有关光电传感器的详细介绍可见 7.1.2 小节内容),当滑块上的挡针运动至光电传感器 U 型槽中的时候,挡针遮挡住了光电传感器的光束,Micro850 控制器对应输入 I/O 为 True,否则输入 I/O 为 False。其中,靠近三相交流电机一侧的光电传感器与 Micro850 控制器 I-10 相连,靠近编码器一侧的光电传感器与 I-8 相连,中间的光电传感器与 I-9 相连。

设计要求:利用丝杠两侧的光电传感器对滑块运动范围进行限制,当三相异步电动机一侧的 I-10 对应传感器检测到挡针时,三相异步电动机将停止运行,此时只有按下正转按钮(按下反转按钮无效)三相异步电动机才能开始运行并驱动滑块向编码器一侧运动;同理,若编码器一侧的 I-8 对应传感器检测到挡针停止后,只有按下反转按钮才能重新启动三相异步电动机。需要注意的是,不同系统的变频器与三相异步电动机连线相序可能不同,可能导致电机正转方向非远离三相异步电动机方向,此时可根据自身实验系统定义正反转,只需满足将滑块运动范围限制在 I-8、I-10 所对应的两个传感器之间即可。注意,要完成该设计题目,需要将 speedref 的初始值设置为 13 以下。

思考题:当完成设计题目时,A 同学为了能够尽快验证实验结果,将 speedref 的初始值设置为 26,结果传感器检测到挡针并发出停止运行指令后,三相异步电动机由于惯性继续旋转了几圈,导致丝杠挡针越过光电传感器的光束,停在了光电传感器检测范围以外的位置,该设计的限位逻辑也因此而失效,请思考并回答,当丝杠滑块快速移动时,可以采用哪些方法解决上述问题(软、硬件解决方法不限)?

7. 实验报告要求

(1) 简要总结本实验的实验目的和基本实验内容。

(2) 在报告中展示所完成设计题目要求的梯形图程序的截图或照片,并对系统的实现方法和控制逻辑进行简要说明。

8.5 实验五:变频器-电机系统分段调速实验

1. 实验目的

(1) 进一步学习 HOTS 系统实验平台内变频器-电机系统的组成及工作原理。

（2）深入学习 RA_PFx_ENET_STS_CMD 自定义功能块参数的定义和设置方法，熟悉并掌握该自定义功能块中各种参数的功能和使用方法。

（3）掌握变频器-电机系统基本控制逻辑的设计和调试方法。

（4）掌握多种约束条件下逻辑控制系统的调试方法。

2．实验内容

（1）利用 HOTS 系统实验平台内的变频器-电机系统、实物按钮和指示灯完成对自定义功能块 RA_PFx_ENET_STS_CMD 多种控制功能的验证。

（2）综合运用各类功能块，完成对变频器-电机系统特定功能逻辑程序的设计与验证。

3．预习要求

阅读本书第 2 章中关于变频器和三相异步电动机的介绍，阅读第 5 章中关于变频器配置和 RA_PFx_ENET_STS_CMD 自定义功能块的介绍，熟悉变频器项目的创建及配置过程，了解 RA_PFx_ENET_STS_CMD 自定义功能块各参数对电机运行状态的影响。

4．实验设备

（1）HOTS 系统实验平台中的 Micro850 2080-LC50-24QWB 型控制器。

（2）HOTS 系统实验平台中的按钮开关、指示灯。

（3）HOTS 系统实验平台中的 PowerFlex 525 变频器。

（4）安装在丝杠运动控制系统中的三相异步电动机。

（5）安装有 CCW 软件的计算机。

5．实验步骤

（1）确认 PowerFlex 525 变频器接线

首先，参照 8.4 节实验四当中的实验步骤（1）完成该步骤。

（2）调整丝杠滑块位置

由于在 8.4 节实验四的设计题目中已经实现了对丝杠滑块运动范围的限制，因此，本实验开始时只需确认丝杠滑块挡针所在位置在 I-8、I-10 所对应的两个传感器之间即可。

（3）确认 PowerFlex 525 变频器急停按钮

实验开始前，可首先运行 8.4 节实验四设计题目中的控制程序，并在系统运行过程中确认 PowerFlex 525 变频器急停按钮工作是否正常。

（4）变频器控制程序搭建和功能验证

如图 8.11、图 8.12 所示，在 8.4 节实验四设计题目中的控制程序内，增加了两个梯级的控制逻辑，用于系统运行中实时改变三相异步电动机转速。

由梯级 2 和梯级 3 中的全局变量可知，全局变量 speedref 确定了 PowerFlex 525 变频器的给定工作频率，且 speedref 的初始值为 0；全局变量 Speed0 为变频器给定

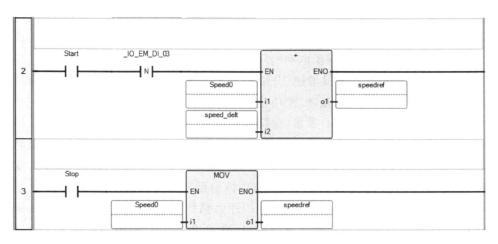

图 8.11　电机转速控制程序示例

speed_delt	REAL	-	5.0	
speedref	REAL	-	0.0	
Speed0	REAL	-	0.0	

图 8.12　电机转速控制程序梯级 2 和梯级 3 中的全局变量

工作频率的起始值,其初始值为 0;全局变量 speed_delt 为变频器给定工作频率的变化值,其初始值为 5,表示每次变频器的给定工作频率变化量为 5 Hz。

按下操作面板上的正向启动(红色按钮)或反向启动(绿色按钮)后,变频器输出电压频率等于给定工作频率的初始值"0",三相异步电动机处于待机状态。

梯级 2 实现对变频器工作频率的实时更新,当蓝色按钮(常闭按钮)被按下时,_IO_EM_DI_03 的信号由 True 变为 False,与其关联的下降沿接触器闭合,使能加法指令功能块,将变频器的给定工作频率更新为 5 Hz,此时三相异步电动机将从待机状态转为运行状态。

梯级 3 则实现对变频器给定工作频率的复位,当变频器停止运行时,给定工作频率被复位为"0"。

6. 设计题目

(1) 三相异步电动机速度分段控制程序:以例程中三相异步电动机转速控制程序为基础,利用 HOTS 系统实验平台操作面板上的红色常开按钮、绿色常开按钮、橙色常开按钮和蓝色常闭按钮,以及显示面板上的红色 LED 灯、绿色 LED 灯,设计三相异步电动机速度分段控制程序。要求:保持例程中正向启动(红色按钮)、反向启动(绿色按钮)、停止(橙色按钮)、红色 LED 灯和绿色 LED 灯的功能不变,在按下正向启动按钮或反向启动按钮后,三相异步电动机处于待机状态。当蓝色按钮(常闭按钮)第一次被按下时,变频器的给定工作频率变为 5 Hz,三相异步电动机开始运行;此后,蓝色按钮每被按下一次,变频器的给定工作频率都会增加 5 Hz,直到增加至

20 Hz 后,蓝色按钮将失效,变频器给定工作频率将保持在 20 Hz。当停止(橙色按钮)被按下时,变频器停止运行,给定工作频率等中间变量应被复位为"0",即再次正向启动或反向启动时,三相异步电动机应处在待机状态。

(2)三相异步电动机分段增速、分段减速控制程序:以设计题目(1)中三相异步电动机速度分段控制程序为基础,使用位于丝杠底座中间的光电传感器控制三相异步电动机进行分段减速运行。要求:保持设计题目(1)中正向启动(红色按钮)、反向启动(绿色按钮)、停止(橙色按钮)、红色 LED 灯和绿色 LED 灯的功能不变。蓝色按钮(常闭按钮)被按下后 1 s,变频器的给定工作频率跳变至 5 Hz,随后每隔 1 s,变频器的给定工作频率都会自动增加 5 Hz,直到增加至 20 Hz 后保持不变。在丝杠滑块运动过程中(不论是正向还是反向),一旦挡针遮挡住位于丝杠底座中间位置的光电传感器,控制系统就会发出分段减速指令,指令发出 2 s 后,变频器的给定工作频率将由 20 Hz 自动跳变至 15 Hz,随后每个 2 s,变频器的给定工作频率都会自动减小 5 Hz,直到减小至 0 Hz 后保持不变,三相异步电动机处于待机状态。此时,按下红色按钮或绿色按钮,可以改变变频器的待机方向;按下蓝色按钮,三相异步电动机会重复分段增速运行。

7. 实验报告要求

(1)简要总结本实验的实验目的和基本实验内容。

(2)在报告中展示所完成设计题目要求的梯形图程序的截图或照片,并对系统的实现方法和控制逻辑进行简要说明。

8.6 实验六:触摸屏程序设计实验

1. 实验目的

(1)学习 HOTS 系统实验平台内触摸屏的工作原理和使用方法。

(2)熟悉触摸屏工具箱中输入、显示、画图等工具的适用范围及使用方法。

(3)掌握触摸屏界面的基本设计和调试方法。

2. 实验内容

(1)利用 HOTS 系统实验平台内的触摸屏、实物按钮和指示灯,实现触摸屏对实物系统中各个元件的控制,实现触摸屏对实物系统中状态参数的显示。

(2)利用触摸屏、实物按钮和指示灯搭建具有特定功能的控制与显示系统。

3. 预习要求

阅读本书第 6 章中关于触摸屏程序设计的介绍,熟悉触摸屏的配置方法,熟悉可视化项目的构建步骤及要点,了解触摸屏界面的设计与下载方法。

4. 实验设备

（1）HOTS 系统实验平台中的 Micro850 2080-LC50-24QWB 型控制器。

（2）HOTS 系统实验平台中的按钮开关、指示灯。

（3）HOTS 系统实验平台中的 2711R-T7T 型触摸屏。

（4）安装有 CCW 软件的计算机。

5. 实验步骤

（1）确认 2711R-T7T 型触摸屏的工作状态

确认 HOTS 系统实验平台中 2711R-T7T 型触摸屏外观完好，电源及网络接线牢固。触摸屏通电后可以正常进入开机画面，点击界面中的"Goto Config"图标，可正常返回初始化主菜单。

（2）触摸屏网络地址设置

参照 6.1.1 小节中的内容，将触摸屏 IP 地址设置为 192.168.1.5。打开 RSLinx Classic Lite 软件，查看触摸屏是否已经连接成功。

（3）新建可视化项目

参照 6.1.2 小节中的内容新建一个可视化项目，并参照 6.1.3 小节完成图形终端的通信配置。

（4）创建控制界面

参照 6.2.1 小节中的内容创建控制界面，采用右侧工具箱中的瞬时按钮、多态指示器完成三人抢答器控制与显示界面设计，如图 8.13 所示。

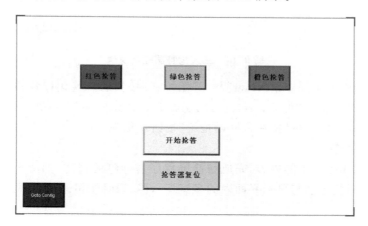

图 8.13　三人抢答器控制与显示界面

（5）三人抢答器控制逻辑设计

三人抢答器控制逻辑如图 8.14 所示，与步骤（4）中的三人抢答器控制与显示界面对应。利用 HOTS 系统实验平台操作面板上的红色常开按钮、绿色常开按钮、橙色常开按钮作为抢答按钮，抢答状态"red""green""orange"与显示界面中相同颜色的多态指示器关联。显示界面中的"开始抢答"按钮和"抢答器复位"按钮分别与控制逻辑中的全局变量"Start"和"Stop"关联。

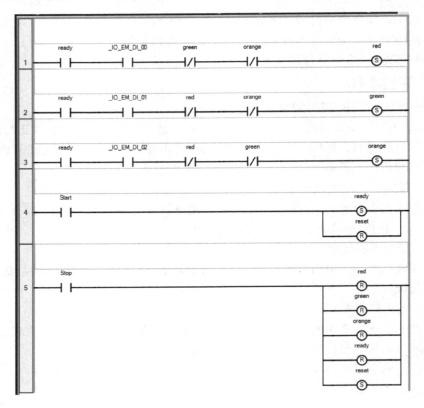

图 8.14　三人抢答器控制逻辑

控制逻辑中的全局变量"reset"与"开始抢答"按钮的可视化标签相对应,"reset"为 True 时,"开始抢答"可见;"reset"为 False 时,"开始抢答"不可见。该设计的作用是只有按下"抢答器复位"按钮,"开始抢答"按钮才出现。

（6）创建标签

参照 6.1.4 小节中的内容,完成触摸屏程序内标签的创建,如图 8.15 所示。同时,将创建的标签分别与显示界面内的多态指示器、瞬时按钮进行关联。

TAG0001	Boolean	red	PLC-1	
TAG0002	Boolean	green	PLC-1	
TAG0003	Boolean	orange	PLC-1	
TAG0004	Boolean	Start	PLC-1	
TAG0005	Boolean	Stop	PLC-1	
TAG0006	Boolean	reset	PLC-1	

图 8.15　触摸屏程序内标签

（7）程序下载

参照 3.3.3 小节和 6.2.2 小节中的内容,将三人抢答器控制逻辑和三人抢答器控制与显示界面分别下载到 Micro850 控制器和 2711R-T7T 型触摸屏,测试并观察实验例程的运行结果。

6. 设计题目

（1）基于三人抢答器控制逻辑、三人抢答器控制与显示界面两个实验例程,在显示界面内自由添加输入、输出元件,美化显示界面。

（2）三人抢答器计时功能设计:以设计题目(1)中三人抢答器控制与显示系统为基础,在 Micro850 控制逻辑中增加抢答计时功能程序,并在触摸屏界面中显示计时时长。要求:保持设计题目(1)中实物常开按钮、触摸屏内多态指示器和瞬时按钮的功能不变。增加 3 个实物常开按钮的抢答计时与显示功能,当"开始抢答"按钮被按下时,3 个抢答计时器同时开始计时,直到实物红色、绿色、橙色常开按钮被按下,对应抢答计时器停止计时,并将计时结果显示在触摸屏界面内。当"抢答器复位"按钮被按下时,3 个抢答计时器清零,直到"开始抢答"按钮再次被按下,计时器开始下一轮计时。

7. 实验报告要求

（1）简要总结本实验的实验目的和基本实验内容。

（2）在报告中展示所完成设计题目要求的梯形图程序的截图或照片,并对系统的实现方法和控制逻辑进行简要说明。

8.7 实验七:触摸屏和变频器-电机系统实验

1. 实验目的

（1）进一步掌握 HOTS 系统实验平台内触摸屏的设计方法。

（2）掌握触摸屏和变频器-电机系统控制逻辑设计和调试方法。

2. 实验内容

（1）利用 HOTS 系统实验平台内的触摸屏、实物按钮、指示灯、变频器-电机系统实现触摸屏对变频器的控制,实现触摸屏对变频器-电机系统中状态参数的显示。

（2）利用触摸屏、实物按钮、指示灯、变频器-电机系统搭建具有特定功能的控制与显示系统。

3. 预习要求

深入学习本书第 6 章中关于触摸屏程序设计的介绍,熟悉触摸屏的配置方法,熟悉可视化项目的构建步骤及要点,了解触摸屏界面的设计与下载方法。阅读第 5 章中关于变频器配置和 RA_PFx_ENET_STS_CMD 自定义功能块的介绍,掌握 RA_

PFx_ENET_STS_CMD 自定义功能块输出参数与电机运行状态之间的关系。

4. 实验设备

（1）HOTS 系统实验平台中的 Micro850 2080-LC50-24QWB 型控制器。

（2）HOTS 系统实验平台中的按钮开关、指示灯。

（3）HOTS 系统实验平台中的 2711R-T7T 型触摸屏。

（4）HOTS 系统实验平台中的 PowerFlex 525 变频器。

（5）安装在丝杠运动控制系统中的三相异步电动机。

（6）安装有 CCW 软件的计算机。

5. 实验步骤

（1）硬件状态检查

确认 HOTS 系统实验平台中的 2711R-T7T 型触摸屏、PowerFlex 525 变频器、三相异步电动机、编码器外观完好，接线牢固。触摸屏通电后可以正常进入开机画面，点击界面中的"Goto Config"图标，可正常返回初始化主菜单。

（2）调整丝杠滑块位置

将丝杠滑块的位置调整到丝杠的中间位置（250 mm）处。

（3）运行例程，确认急停按钮和限位功能

实验开始前，首先运行 8.4 节实验四设计题目中的控制程序，并在系统运行过程中确认 PowerFlex 525 变频器的急停按钮工作是否正常。同时确认丝杠两侧的光电传感器对滑块运动范围的限制作用是否有效。

（4）创建控制界面

参照 6.2.1 小节中的内容，采用右侧工具箱中的瞬时按钮、多态指示器创建三相异步电动机正反转切换控制界面，如图 8.16 所示。

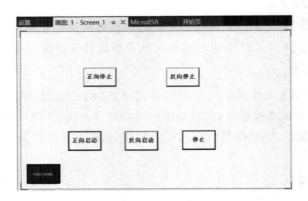

图 8.16 三相异步电动机正反转切换控制界面

（5）三人抢答器控制逻辑设计

参照 5.3.3 小节中的内容,将图 8.17 中实物按钮控制的直接接触开关更改为触摸屏内的瞬时按钮控制,实物指示灯显示更改为触摸屏内多态指示器显示,完成触摸屏控制三相异步电动机正反转切换控制逻辑设计。

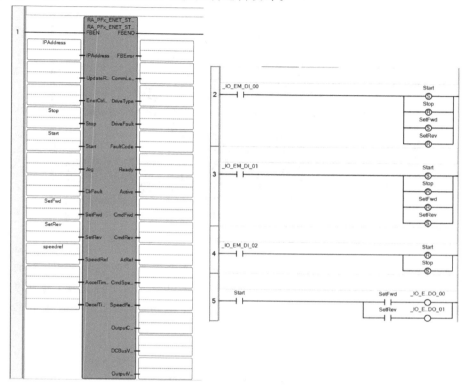

图 8.17 三相异步电动机正反转切换控制逻辑

（6）创建标签

创建触摸屏标签,将显示界面内的多态指示器、瞬时按钮与控制逻辑中的全局变量进行关联。

（7）程序下载

参照 3.3.3 小节和 6.2.2 小节中的内容,将三相异步电动机正反转切换控制逻辑和三相异步电动机正反转切换控制界面分别下载到 Micro850 控制器和 2711R-T7T 型触摸屏,测试并观察实验例程的运行结果。

6. 设计题目

以三相异步电动机正反转切换控制逻辑、三相异步电动机正反转切换控制界面为基础,设计三相异步电动机指定条件运行控制逻辑和显示界面,参考界面形式如图 8.18 所示(但不限于该形式,界面布局与输入形式可自由设计)。要求:具有电机运行方向选择功能、电机转速设定功能、电机运行时间设定功能。其中,电机运行方向具有正转、反转两个选项;电机转速可设定 PowerFlex 525 变频器的给定工作频率,输入频率限制在 0～30 Hz;电机运行时间可设定 PowerFlex 525 变频器输出三相交流电压的时长,输入时间限制在 0～10 s。

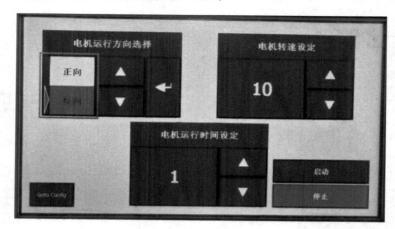

图 8.18　三相异步电动机指定条件运行参考界面

　　启动前,须指定并确认电机运行方向,启动键才能生效。电机转速和运行时间可以在电机启动前设定,也可在电机运行过程中随时更改。按下停止键,电机停止运行,触摸屏上的参数保持有效,在启动键再次被按下时,电机将按触摸屏上的参数继续运行。

7. 实验报告要求

　　(1) 简要总结本实验的实验目的和基本实验内容。
　　(2) 在报告中展示所完成设计题目要求的梯形图程序的截图或照片,并对系统的实现方法和控制逻辑进行简要说明。

8.8　实验八:触摸屏和丝杠运动控制系统实验

1. 实验目的

　　(1) 进一步掌握 HOTS 系统实验平台内的触摸屏设计方法。
　　(2) 掌握触摸屏和丝杠运动控制系统的控制逻辑设计和调试方法。

2. 实验内容

　　(1) 利用 HOTS 系统实验平台内的触摸屏、丝杠运动控制系统实现触摸屏对丝杠滑块位置的控制,实现触摸屏对丝杠运动控制系统中状态参数的显示。
　　(2) 利用触摸屏、丝杠运动控制系统搭建具有特定功能的控制与显示系统。

3．预习要求

深入学习本书第 6 章中关于触摸屏程序设计的介绍,熟悉触摸屏的配置方法,熟悉可视化项目的构建步骤及要点,了解触摸屏界面的设计与下载方法。阅读第 7 章中关于 HSC 功能块的介绍,熟悉 HSC 功能块在 7.2.4 应用示例中的工作原理和使用方法。

4．实验设备

(1) HOTS 系统实验平台中的 Micro850 2080-LC50-24QWB 型控制器。

(2) HOTS 系统实验平台中的 2711R-T7T 型触摸屏。

(3) HOTS 系统实验平台中的 PowerFlex 525 变频器。

(4) 丝杠运动控制系统。

(5) 安装有 CCW 软件的计算机。

5．实验步骤

(1) 硬件状态检查

确认 HOTS 系统实验平台中的 2711R-T7T 型触摸屏、PowerFlex 525 变频器、三相异步电动机、编码器外观完好,接线牢固。触摸屏通电后可以正常进入开机画面,点击界面中的"Goto Config"图标,可正常返回初始化主菜单。

(2) 调整丝杠滑块位置

将丝杠滑块的位置调整到丝杠的中间位置(250 mm)处。

(3) 运行例程,确认急停按钮和限位功能

实验开始前,首先运行 8.4 节实验四设计题目中的控制程序,并在系统运行过程中确认 PowerFlex 525 变频器急停按钮工作是否正常。同时确认丝杠两侧的光电传感器对滑块运动范围的限制作用是否有效。

(4) 设计滑块运行距离显示功能

以实验七设计题目所完成的三相异步电动机指定条件运行控制逻辑和显示界面为基础,结合 7.2.4 小节中的滑块最终停止位置计算程序(如图 8.19 所示),在显示界面内设计滑块运行距离显示功能,显示滑块相对于程序第一次运行时所在位置移动的距离,如图 8.20 所示(但不限于该形式,界面布局可自由设计)。

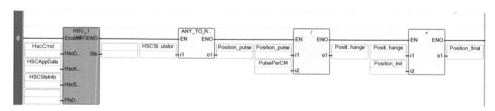

图 8.19　HSC 滑块位置计算程序

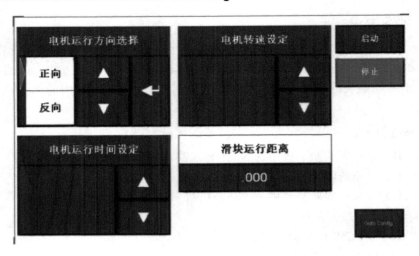

图 8.20　丝杠滑块运行距离显示参考界面

6. 设计题目

以实验步骤(4)中完成的丝杠滑块运行距离控制与显示程序为基础,参考 7.3 节丝杠运动控制系统应用例程,重新设计控制程序。要求:显示界面中的"滑块运行距离"所显示的内容为滑块相对于程序最近一次运行时的起始位置所移动的距离,也就是记录每次滑块运动时所移动的距离。

启动前,须指定并确认电机运行方向,启动键才能生效。电机转速和运行时间可以在电机启动前设定,也可在电机运行过程中随时更改。按下启动键以后,电机将按所设定的时间和速度驱动滑块移动,触摸屏上的"滑块运行距离"实时刷新,直到电机停止运行,"滑块运行距离"显示的内容为此次滑块移动的距离。电机停止运行后,触摸屏上的输入参数仍然有效,当启动键再次被按下时,电机会按其显示参数再次运行,"滑块运行距离"会随着启动键的按下而清零,并重新记录滑块的实时移动距离。

控制程序与显示界面调试完成后,在不同运行时间下,记录不同转速时的滑块运行距离。当运行时间为 2 s 时,记录如表 8.4 所列;当运行时间为 4 s 时,记录如表 8.5 所列。

表 8.4　运行时间为 2 s 时的滑块运行距离

给定速度(变频器频率,Hz)	第一次	第二次	第三次	最大差值
6				
8				
10				
12				
14				

表 8.5　运行时间为 4 s 时的滑块运行距离

给定速度（变频器频率，Hz）	第一次	第二次	第三次	最大差值
6				
8				
10				
12				
14				

思考题：为了避免当三相异步电动机以相同转速驱动滑块运行相同的时间时，出现每次移动距离都不相同且差值较大的问题，请以设计题目中完成的控制程序与显示界面为基础，自行改进控制程序并完成系统调试。

7. 实验报告要求

1. 简要总结本实验的实验目的和基本实验内容。

2. 在报告中展示所完成设计题目要求的梯形图程序的截图或照片，并对系统的实现方法和控制逻辑进行简要说明。

参考文献

[1] 钱晓龙,谢能发.循序渐进 Micro800 控制系统[M].北京:机械工业出版社,2017.

[2] 于金鹏,张良,何文雪.PLC 原理与应用-罗克韦尔 Micro800 系列[M].北京:机械工业出版社,2016.

[3] 邹显圣,王静,张正男.控制系统应用-基于罗克韦尔 PLC、变频器及触摸屏[M].北京:化学工业出版社,2022.

[4] 阮毅,杨影,陈伯时.电力拖动自动控制系统:运动控制系统.第 5 版[M].机械工业出版社,2016.